S. Meyer

BASICS Chemie

Meinen Eltern

Sandra Meyer

Unter Mitarbeit von Dr. Markus Arend

BASICS
Chemie

ELSEVIER
URBAN & FISCHER

URBAN & FISCHER München

Zuschriften und Kritik an:
Elsevier GmbH, Urban & Fischer Verlag, Lektorat, Hackerbrücke 6, 80335 München

Wichtiger Hinweis für den Benutzer
Die Erkenntnisse in der Medizin unterliegen laufendem Wandel durch Forschung und klinische Erfahrungen. Herausgeber und Autoren dieses Werkes haben große Sorgfalt darauf verwendet, dass die in diesem Werk gemachten therapeutischen Angaben (insbesondere hinsichtlich Indikation, Dosierung und unerwünschter Wirkungen) dem derzeitigen Wissensstand entsprechen. Das entbindet den Nutzer dieses Werkes aber nicht von der Verpflichtung, anhand der Beipackzettel zu verschreibender Präparate zu überprüfen, ob die dort gemachten Angaben von denen in diesem Buch abweichen, und seine Verordnung in eigener Verantwortung zu treffen.
Wie allgemein üblich wurden Warenzeichen bzw. Namen (z.B. bei Pharmapräparaten) nicht besonders gekennzeichnet.

Bibliografische Information der Deutschen Nationalbibliothek
Die Deutsche Nationalbibliothek verzeichnet diese Publikation in der Deutschen Nationalbibliografie; detaillierte bibliografische Daten sind im Internet unter http://dnb.d-nb.de abrufbar.

Alle Rechte vorbehalten
1. Auflage September 2010
© Elsevier GmbH, München
Der Urban & Fischer Verlag ist ein Imprint der Elsevier GmbH.

10 11 12 13 14   5 4 3 2 1

Für Copyright in Bezug auf das verwendete Bildmaterial siehe Abbildungsnachweis.

Das Werk einschließlich aller seiner Teile ist urheberrechtlich geschützt. Jede Verwertung außerhalb der engen Grenzen des Urheberrechtsgesetzes ist ohne Zustimmung des Verlages unzulässig und strafbar. Das gilt insbesondere für Vervielfältigungen, Übersetzungen, Mikroverfilmungen und die Einspeicherung und Verarbeitung in elektronischen Systemen.

Um den Textfluss nicht zu stören, wurde bei Patienten und Berufsbezeichnungen die grammatikalisch maskuline Form gewählt. Selbstverständlich sind in diesen Fällen immer Frauen und Männer gemeint.

Programmleitung: Dr. Dorothea Hennessen
Planung: Karolin Dospil
Redaktion: Julia Bender, Gröbenzell; Kathrin Nühse, Mannheim
Lektorat: Ines Mergenhagen, Dr. med. Constance Spring
Herstellung: Elisabeth Märtz, Andrea Mogwitz, München
Satz: Kösel, Krugzell
Druck und Bindung: L.E.G.O. S.p.A., Vicenza, Italien
Umschlaggestaltung: SpieszDesign, Neu-Ulm
Titelfotografie: © DigitalVision/GettyImages, München
Gedruckt auf 100 g Eurobulk 1,1 f. Vol.

ISBN 978-3-437-42666-7

Aktuelle Informationen finden Sie im Internet unter **www.elsevier.de** und **www.elsevier.com**

Vorwort

Liebe Leserin, lieber Leser,

die Chemie ist ein Fach an dem sich häufig die Geister scheiden. Dem einen fällt es leicht mit Formeln und Gleichungen umzugehen, und der andere muss sich damit abkämpfen und es will trotzdem nicht so recht werden, wie man es sich wünscht. Mir selbst ist es – sonst hätte ich wohl kaum ein Buch darüber geschrieben – immer leicht gefallen. Daher habe ich bereits seit meiner Schulzeit jenen anderen, die mehr Schwierigkeiten mit der Chemie hatten und haben, versucht durch Zusatzstunden zu helfen den Zugang zur Chemie zu finden. Mit den Erfahrungen hieraus schrieb ich das hier vorliegende Lehrbuch. Es richtet sich sowohl an Erstere, die sich leicht tun, zur schnellen Wiederauffrischung des schon lange Zurückliegenden. Aber auch an Zweitere, die sich vielleicht von manch größerem Lehrbuch noch abgeschreckt fühlen mögen und lieber erst einmal mit den BASICS beginnen.

Ich habe versucht das umfassende und komplexe Wissen der Chemie möglichst übersichtlich und einprägsam darzustellen, ohne dabei auf wichtige Themen zu verzichten. Besonderen Wert habe ich dabei auf die Grundlagen gelegt, damit trotz der Kürze der einzelnen Kapitel dem Leser die Möglichkeit bleibt, das Dargestellte ohne Vorkenntnisse zu verstehen. Hilfreich ist hierbei der Aufbau der BASICS-Reihe:
▶ Jedes Kapitel ist in sich auf einer Doppelseite abgeschlossen.
▶ Am Ende des Kapitels steht eine Zusammenfassung, die noch einmal kurz die wichtigsten Aspekte darstellt.
▶ Merkekästen heben das Essentielle hervor.
▶ Zahlreiche farbige Abbildungen und Formeln helfen, sich das Dargestellte vorstellen zu können.
▶ Am Ende steht eine Übersicht mit den wichtigsten funktionellen Gruppen.

Über Verbesserungsvorschläge, Anregungen und auch Korrekturen würde ich mich sehr freuen, da sie überaus wichtig für die Entwicklung eines Buches sind. Daher bitte ich jede Leserin und jeden Leser, diese dem Verlag mitzuteilen, damit in Zukunft Lehrbücher besser an die Bedürfnisse ihrer Leser angepasst werden können.

Zu guter Letzt möchte ich meinen Dank Frau Kathrin Nühse aussprechen, die mir über lange Zeit tatkräftig mit ihrem Rat zu Seite stand, sowie den weiteren Mitarbeitern des Elsevier-Verlages, die ebenfalls zur Entstehung dieses Buches beigetragen haben. Darüber hinaus gilt mein Dank meiner Familie und besonders meinem Freund, der sich oft in Geduld zu üben hatte, wenn ich mich meinem Buch, statt ihm, gewidmet habe.

Zum Schluss bleibt mir zu hoffen, dass mein Buch einen kleinen Beitrag dazu leistet den Leserinnen und Lesern die Chemie ein Stück weit näher zu bringen und dass es vielleicht auch ein wenig Spaß machen kann ein Chemie-Buch zu lesen.

Ulm, im Sommer 2010
Sandra Meyer

Inhalt

A Allgemeine und anorganische Chemie ... 2–47

- Grundlagen I ... 2
- Grundlagen II ... 4
- Atomaufbau ... 6
- Das Periodensystem ... 8
- Zustände von Materie ... 10
- Chemische Bindung – Grundlagen ... 12
- Bindungstypen I ... 14
- Bindungstypen II ... 16
- Bindungstypen III ... 18
- Chemische Reaktionen ... 20
- Stöchiometrie ... 22
- Energetik I ... 24
- Energetik II ... 26
- Reaktionskinetik ... 28
- Chemisches Gleichgewicht I ... 30
- Chemisches Gleichgewicht II ... 32
- Salzlösungen und Fällungsreaktionen ... 34
- Säuren und Basen I ... 36
- Säuren und Basen II ... 38
- Oxidation und Reduktion I ... 40
- Oxidation und Reduktion II ... 42
- Komplexchemie ... 44
- Trennverfahren ... 46

B Organische Chemie ... 48–89

- Einführung ... 50
- Kohlenwasserstoffe I ... 52
- Kohlenwasserstoffe II ... 54
- Kohlenwasserstoffe III ... 56
- Alkohole, Phenole, Ether ... 58
- Amine und Thiole ... 60
- Aldehyde und Ketone ... 62
- Carbonsäuren ... 64
- Carbonsäureester ... 66
- Fette und Seifen ... 68
- Organische Reaktionen I ... 70
- Organische Reaktionen II ... 72
- Isomerie I ... 74
- Isomerie II ... 76
- Kohlenhydrate I ... 78
- Kohlenhydrate II ... 80
- Kohlenhydrate III ... 82
- Aminosäuren ... 84
- Peptide und Proteine ... 86
- Nachweisreaktionen ... 88

C Anhang ... 90–98

D Register ... 99–104

2	Grundlagen I
4	Grundlagen II
6	Atomaufbau
8	Das Periodensystem
10	Zustände von Materie
12	Chemische Bindung – Grundlagen
14	Bindungstypen I
16	Bindungstypen II
18	Bindungstypen III
20	Chemische Reaktionen
22	Stöchiometrie
24	Energetik I
26	Energetik II
28	Reaktionskinetik
30	Chemisches Gleichgewicht I
32	Chemisches Gleichgewicht II
34	Salzlösungen und Fällungsreaktionen
36	Säuren und Basen I
38	Säuren und Basen II
40	Oxidation und Reduktion I
42	Oxidation und Reduktion II
44	Komplexchemie
46	Trennverfahren

A Allgemeine und anorganische Chemie

Grundlagen I

Das Atom war schon den Griechen Demokrit und Leukipp als kleinstes Teilchen der Materie bekannt. In den folgenden Jahrhunderten haben sich viele Forscher mit dem Atom beschäftigt und es immer genauer beschrieben. So wurden im Laufe der Zeit verschiedene Modelle entwickelt, die den Aufbau der Atome zu erklären versuchen. Diese Erforschung des Atoms hat in der Chemie zu einer Reihe von Postulaten und Gesetzen geführt, die für das Verständnis von chemischen Zusammenhängen auch heutzutage wichtig sind.

Dalton und die Materie

Dalton nahm im 19. Jahrhundert den Gedanken der Antike über die Atome auf und entwickelte daraus seine Atomhypothese. Als Grundlage dienten ihm dabei zwei bereits vorher formulierte Grundgesetze der Chemie:

▶ **Gesetz vom Erhalt der Masse.** Es besagt, dass bei einer chemischen Reaktion weder Masse verloren geht, noch Masse hinzugewonnen wird.
▶ **Gesetz der konstanten Proportionen.** Es besagt, dass die an einer Verbindung beteiligten Elemente in konstanten Proportionen (Massenverhältnissen) darin enthalten sind, z. B. enthält NaCl immer 40% Na und 60% Cl.

Basierend auf diesem Aufbau von chemischen Verbindungen formulierte Dalton folgende Sätze:

▶ Die Materie besteht aus ihrer kleinsten Einheit, dem Atom, das unteilbar ist.
▶ Es gibt so viele Atomarten wie Elemente. Alle Atome eines Elements sind gleich.
▶ Die Atome der verschiedenen Elemente unterscheiden sich voneinander in ihrer Masse.
▶ Atome werden bei chemischen Reaktionen nie zerstört, neu gebildet oder in ein Atom eines anderen Elements verwandelt. Sie werden neu verknüpft oder getrennt.
▶ Kommt es zu einer chemischen Verbindung von Elementen untereinander, so stehen die daran beteiligten Atome im Verhältnis kleiner ganzer Zahlen (1, 2, 3 …) zueinander. Beispiel: Sauerstoff und Stickstoff → N_2O (2:1), NO (1:1), NO_2 (1:2), N_2O_3 (2:3).

Mit dem letzten Punkt ergänzte Dalton die bereits bekannten chemischen Grundgesetze um ein weiteres, das **Gesetz der multiplen Proportionen.**

Atomaufbau und Ladung

1904 erweiterte Thomson das Modell von Dalton, da sich die von Faraday 1833 gemachten Elektrolyseversuche sowie Stoneys Entdeckung des Elektrons aus dem Jahre 1881 damit nicht mehr erklären ließen. Thompson bezog in sein neues Atommodell die Ladung mit ein und erklärte den Atomaufbau folgendermaßen:

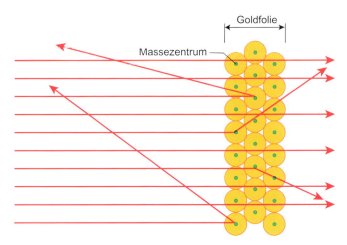

Abb. 1: Beschuss der Goldfolie mit α-Strahlen, wobei nur einige wenige durch die Goldatome abgelenkt werden. [1]

▶ Atome bestehen aus einer **positiv geladenen Kugel,** in der die **negativ geladenen Elektronen** eingelagert sind.
▶ Nach **außen** hin sind die **Atome ungeladen**. Durch die Aufnahme bzw. Abgabe von Elektronen ändert sich dies jedoch.
▶ **Elektronenabgabe** führt zu **positiv geladenen Ionen** (z. B. Na^+).
▶ **Elektronenaufnahme** führt zu **negativ geladenen Ionen** (z. B. Cl^-).

Die Entdeckung von **Becquerel**, dass manche Atome instabil sind und in subatomare Teilchen zerfallen können (Radioaktivität), konnte Rutherford 1911 in seinem Goldfolie-Versuch nutzen. Er beschoss Goldfolie mit α-Strahlen (positive Teilchen). Die meisten α-Strahlen durchdrangen die Goldfolie ohne Ablenkung, einige jedoch wurden abgelenkt oder prallten ganz zurück (▮ Abb. 1). **Rutherford** leitet daraus folgendes über den Atomaufbau ab:

▶ Bei den Atomen handelt es sich nicht um dichte Massekügelchen, sondern Atome bestehen aus einem **Kern und einer Hülle**.
▶ Der **Kern** im Zentrum ist **positiv geladen**.
▶ Der Kern wird von einer **negativ geladenen Hülle** umgeben.
▶ Der **Kern** macht fast die **gesamte Masse** eines Atoms aus, ist aber winzig klein.
▶ Die **Hülle** muss ein **fast leerer Raum** sein, in dem die negativ geladenen Elektronen auf Bahnen kreisen.

Die Elektronenbahnen nach Bohr

Nils Bohr entwickelte zu Beginn des 20. Jahrhunderts auf Basis der Quantentheorie und des Kern-Hülle-Modells zwei Postulate, um die Eigenschaften von Elektronen genauer zu beschreiben:

▶ **1. Bohrsches Postulat:** Um den Atomkern kreisen die Elektronen auf bestimmten Bahnen, ohne dabei Energie in

Form von Strahlung zu verlieren. Dabei ist die Energie eines Elektrons charakterisiert durch die Bahn, auf der sich das Elektron befindet (Abb. 2).

▶ **2. Bohrsches Postulat:** Wechselt ein Elektron seine Bahn zu einer Bahn näher am Atomkern, so gibt es dabei Energie in Form von Strahlung ab. Dies geschieht in Form eines Photons mit einer bestimmten Frequenz.

Die Zahl der möglichen Elektronenbahnen wird mit der Zahl **n** angegeben. Dabei nimmt n immer eine ganze Zahl an. Die Bahn n = 1 liegt dem Kern am nächsten und hat somit die geringste Energie. Mit steigender Anzahl nehmen die Entfernung vom Kern und somit auch die Energie der Schale zu. Diese Energie wird mit Energiequanten beschrieben. Da n eine Angabe über mögliche Energiequanten macht, wird sie auch als **Quantenzahl** bezeichnet.

Das Schalenmodell

Ausgehend vom Bohrschen Atommodell ergibt sich das Schalenmodell. Es beschreibt die Bewegung von Elektronen auf **konzentrischen Kugelschalen um den Atomkern.** Jeder Schale lässt sich eine bestimmte Energiestufe sowie eine begrenzte Anzahl von Elektronen zuordnen. Insgesamt unterscheidet man **7 Schalen,** die mit den Buchstaben **K** bis **Q** gekennzeichnet werden. Wie viele Elektronen eine Schale aufnehmen kann, lässt sich mit der Formel $2n^2$ beschreiben, wobei n die Quantenzahl des Bohrschen Atommodells ist. Somit kann die erste Schale (= K) maximal 2, die zweite Schale (= L) maximal 8 und die dritte Schale (= M) (grün) maximal 18 Elektronen aufnehmen (in der Abbildung nur bis acht Elektronen gefüllt) (Abb. 3 und Periodensystem S. 92). Ein Atom eines Elementes hat immer eine bestimmte Anzahl an Schalen, z.B. hat Lithium 2, Natrium und Schwefel 3 Schalen. Dabei wird die äußerste Schale als **Valenzschale** und die sich darin bewegenden Elektronen als **Valenzelektronen** bezeichnet. Diese Elektronen sind für die chemischen Bindungen zwischen den verschiedenen Elementen verantwortlich.

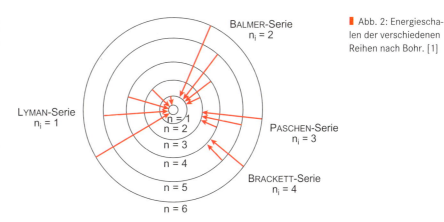

Abb. 2: Energieschalen der verschiedenen Reihen nach Bohr. [1]

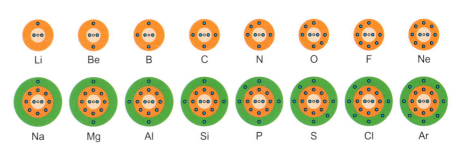

Abb. 3: Die verschiedenen Schalen der Atomhülle mit den sich darin befindlichen Elektronen. Rosa = erste Schale (K), orange = zweite Schale (L), grün = dritte Schale (M). [1]

Zusammenfassung

✖ Im Laufe der Zeit wurde das Atommodell immer weiter entwickelt.

✖ Nach **Dalton** besteht die Materie aus ihrer kleinsten Einheit, den Atomen, die unteilbar sind. So viele Elemente wie es gibt, so viele Atomarten gibt es auch. Sie unterscheiden sich nur in ihrer Masse. Kommt es zu einer Verbindung von Elementen miteinander, so stehen die daran beteiligten Atome im Verhältnis einfacher ganzer Zahlen zueinander.

✖ **Rutherford** beschreibt, dass ein Atom eine **Hülle** und einen **Kern** hat. Dabei ist der Kern winzig klein, positiv geladen und enthält fast die gesamte Masse des Atoms. Die den Kern umgebende Hülle enthält die negativ geladenen Elektronen. **Bohr** postulierte, dass sich die Elektronen auf verschiedenen Schalen um den Atomkern herum bewegen. Kommt es zu einem Wechsel eines Elektrons von einer äußeren auf eine weiter innen gelegene Schale, so wird dabei Energie in Form von Photonen einer bestimmten Frequenz frei.

✖ Das **Schalenmodell** beschreibt, dass sich die Elektronen auf konzentrischen Kugelschalen um den Atomkern herum bewegen. Dabei werden **7 Schalen** (bezeichnet mit den Buchstaben K bis Q) unterschieden, die jeweils eine andere Energie haben. Die Anzahl an Elektronen, die eine Schale aufnehmen kann, lässt sich mit der Formel $2n^2$ berechnen (n = Quantenzahl).

Grundlagen II

Orbitale und Orbitalmodell

Heute weiß man, dass Elektronen sowohl die Eigenschaften eines Teilchens wie auch die Eigenschaften einer Welle aufweisen. Will man gleichzeitig den Aufenthaltsort und die Geschwindigkeit eines Elektrons bestimmen, so ist dies aufgrund der doppelten Eigenschaft nicht möglich. Dies wird durch die **Heisenbergsche Unschärferelation** ausgedrückt. Man kann nur einen Raum bestimmen, in dem sich das Elektron mit großer Wahrscheinlichkeit aufhält. Daher wurde das Schalenmodell zum Orbitalmodell weiterentwickelt.
Im Orbitalmodell wird einem Elektron keine definierte Schale zugeordnet, sondern ein dreidimensionaler Raum, das **Orbital**. Dies ist der Bereich, in dem sich die Elektronen mit großer Wahrscheinlichkeit aufhalten. Man kann sich die Orbitale auch als negative Wolken vorstellen, die den Atomkern umgeben.

> Unter einem **Orbital** versteht man einen dreidimensionalen Raum, in dem sich ein Elektron mit hoher Wahrscheinlichkeit aufhält.

Im Bohrschen Atommodell reichte eine Quantenzahl (n) aus, um das Energieniveau eines Elektrons zu beschreiben, im Orbitalmodell sind dagegen für die Beschreibung der Orbitale und damit der Aufenthaltsorte der Elektronen 4 Quantenzahlen nötig:

1. Hauptquantenzahl n – Energieniveau
Diese entspricht der Schale (K bis Q) aus dem Bohrschen Atommodell und bezeichnet das **Energieniveau** eines Elektrons in einem Orbital. Sie wird mit den Zahlen **n = 1, 2, 3** ... gekennzeichnet und entspricht den Perioden (1–7) im Periodensystem.

2. Nebenquantenzahl l – Energieunterschied
Sie beschreibt **Energieunterschiede** innerhalb eines Energieniveaus und kennzeichnet die räumliche Form eines Orbitals.

Die Nebenquantenzahl l hat die Werte von $l = 0$ bis $l = n-1$. Nimmt man z. B. ein Elektron mit der Hauptquantenzahl n = 2, so erhält man die l-Werte 0 und 1.
Die **räumliche Form eines Orbitals** ist von der Nebenquantenzahl abhängig:

▶ Orbitale mit **l = 0** bezeichnet man als **s-Orbitale**. Sie haben eine kugelförmige Raumstruktur (Abb. 4a), liegen direkt um den Atomkern herum und lassen sich in jedem Energieniveau finden.
▶ Orbitale mit **l = 1** nennt man **p-Orbitale**. Sie zeigen die räumliche Struktur einer Hantel, wobei diese sich zu den drei Raumachsen (x, y, z) ausrichten kann. Sie treten erst ab der zweiten Schale auf (Abb. 4b).
▶ Orbitale mit **l = 2** werden als **d-Orbitale** bezeichnet (treten ab der dritten Schale auf, Abb. 4c) und die Orbitale mit **l = 3** als **f-Orbitale**.

3. Magnetquantenzahl m – Orbitalzustände
Die Magnetquantenzahl beschreibt die **unterschiedlichen Raumausrichtungen** eines Orbitals. So kann sich das hantelförmige p-Orbital nach allen drei Raumachsen ausrichten (= drei verschiedene energetisch gleichwertige p-Orbitale). Sie werden mit p_x, p_y, p_z bezeichnet.
Die Magnetquantenzahl kann die Werte von **m = –l bis +l** einschließlich der 0 annehmen und gibt Aufschluss über die Anzahl gleichwertiger Orbitale:

▶ Da das **s-Orbital** nur einen m-Wert annehmen kann, gibt es folglich keine verschiedenen s-Orbitale (Abb. 4a).
▶ Für das **p-Orbital** (l = 1) nimmt m die Werte **–1, 0 und +1** an – die drei oben angesprochenen Formen.
▶ Für das **d-Orbital** erhält m die Werte **–2, –1, 0, +1 und +2**. So ergeben sich fünf verschiedene d-Orbitale.

4. Spinquantenzahl s – Eigenrotation des Elektrons
Die letzte Quantenzahl berücksichtigt die Eigenrotation, den Spin, eines Elektrons um seine eigene Achse. Sie entspricht

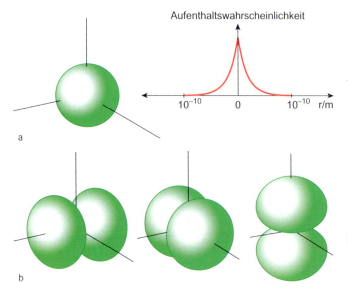

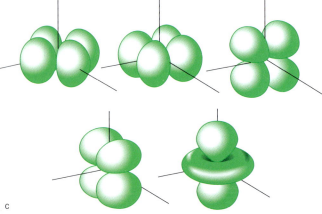

Abb. 4: Räumliche Anordnung der Orbitale. a) s-Orbital (l = 0), b) p-Orbitale (l = 1), c) d-Orbitale (l = 2). [1]

Haupt-quantenzahl n	Neben-quantenzahl l	Magnet-quantenzahl m	Spinquan-tenzahl s	e⁻-Anzahl	Gesamte e⁻
1	0 (1s)	0	±1/2	2	2
2	0 (2s)	0	±1/2	2	8
	1 (2p)	−1, 0, +1	je ±1/2	6	
3	0 (3s)	0	±1/2	2	18
	1 (3p)	−1, 0, +1	je ±1/2	6	
	2 (3d)	−2, −1, 0, +1, +2	je ±1/2	10	

Tab. 1: Verteilung der Elektronen auf die einzelnen Orbitale

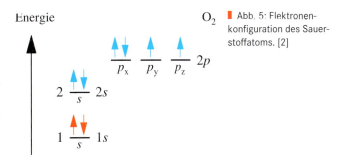

Abb. 5: Elektronenkonfiguration des Sauerstoffatoms. [2]

den Werten **s = +1/2 und −1/2**. Da in jeder Orbitalwolke nur 2 Elektronen Platz finden, nimmt das eine den Wert +1/2 und das andere den Wert −1/2 an.

Quantenzahlen
- Hauptquantenzahl: n = 1, 2, 3, ...
- Nebenquantenzahl: l = 0, 1, 2, ... n−1
- Magnetquantenzahl: m = −l ... 0 ... +l
- Spinquantenzahl: s = +1/2, −1/2

Durch die vier Quantenzahlen werden die Position sowie die damit einhergehende Energie eines Elektrons eindeutig beschrieben. Es gibt keine zwei Elektronen in einem Atom, die genau die gleichen vier Quantenzahlen haben **(Pauli-Prinzip)**.

Beispiel: Die maximale Anzahl der Elektronen eines Energieniveaus errechnete sich nach der Formel $2n^2$. Somit ergibt sich für das Energieniveau n = 3 eine maximale Elektronenanzahl von $2 \times 3^2 = 18$. Diese Elektronen verteilen sich auf die einzelnen Orbitale: 2 auf das s-Orbital, 6 weitere zu je 2 auf jedes der 3 p-Orbitale und 10 auch wieder zu je 2 auf die 5 verschiedenen d-Orbitale (Tab. 1 und Periodensystem S. 92).

Elektronenkonfiguration/Elektronenbesetzung der Orbitale

Die Besetzung der Orbitale mit den einzelnen Elektronen erfolgt nach bestimmten Regeln:

▶ **Pauli-Prinzip:** Jedes Orbital kann mit maximal 2 Elektronen besetzt werden.
▶ **Energieprinzip:** Das Auffüllen der einzelnen Niveaus erfolgt nacheinander, beginnend mit dem energieärmsten 1s-Orbital. Dann folgt das 2s-Orbital, das 2p-Orbital und dann das 3s-, 3p-Orbital usw.
▶ **Hundsche-Regel:** Die drei energetisch gleichwertigen p-Orbitale (p_x, p_y, p_z) werden zunächst mit je einem Elektron des gleichen Spins besetzt. Erst wenn alle ein Elektron enthalten, erfolgt die Besetzung mit dem zweiten Elektron mit entgegengesetztem Spin (Abb. 5).

Zur **Kennzeichnung der Orbitalbesetzung** schreibt man als Erstes die Ziffer der Hauptquantenzahl, dann folgt die Bezeichnung des Orbitals (Nebenquantenzahl) und schließlich als hochgestellte Ziffer die in dem Orbital enthaltene Anzahl an Elektronen.

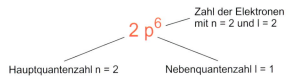

Zusammenfassung

✱ Das Orbitalmodell ordnet den Elektronen dreidimensionale Räume – Orbitale – zu, in denen sich die Elektronen mit 90%iger Wahrscheinlichkeit aufhalten.

✱ Die 4 Quantenzahlen beschreiben die Orbitale mit den darin enthaltenen Elektronen. Dabei ist eine Kombination der 4 Quantenzahlen eindeutig einem bestimmten Elektron zugeordnet.

✱ Die **Hauptquantenzahl** n entspricht dem Energieniveau.

✱ Die **Nebenquantenzahl** beschreibt die räumliche Form der einzelnen Orbitale. Es werden s-, p-, d- und f-Orbitale unterschieden.

✱ Die **Magnetquantenzahl** gibt eine weitere Unterteilung der Orbitale wieder. Dabei werden die p-Orbitale in 3 und die d-Orbitale in 5 Untergruppen aufgeteilt.

✱ Die **Spinquantenzahl** kennzeichnet die Rotation der Elektronen um ihre eigene Achse.

✱ Unter der **Elektronenkonfiguration** versteht man die Verteilung der Elektronen auf die einzelnen Orbitale.

Atomaufbau

Aufbau eines Atoms

Atome bestehen aus Elementarteilchen: **Protonen (p^+), Neutronen (n) und Elektronen (e^-)**. Diese unterscheiden sich durch ihre Ladung und Masse voneinander.

Protonen und Elektronen tragen die gleiche **Ladung** von $1,6 \times 10^{-19}$ C (Coulomb). Bei den Protonen ist diese Ladung positiv, bei den Elektronen negativ. Die Neutronen sind, wie sich aufgrund ihres Namens vermuten lässt, in ihrer Ladung neutral.

Da die absolute Ladung zu unhandlich ist, verwendet man an ihrer Stelle die **relative Ladung**. Für ein Proton ist die relative Ladung +1 und für ein Elektron −1 (Tab. 1).

Die **Masse** der Protonen und Neutronen ist gleich, sie wiegen jeweils $1,66 \times 10^{-24}$ g. Da auch diese Zahl zu unhandlich ist, wird an ihrer Stelle die **relative Masse** verwendet. Dabei dient das Kohlenstoffatom ^{12}C als Bezugswert (s. unter Atommasse). Ein Proton und ein Neutron wiegen jeweils ungefähr 1/12 vom Kohlenstoffatom, also nahezu 1. Die Elektronen sind viel leichter und wiegen nur 1/2000 eines Protons. Im Kern befinden sich die Protonen und Neutronen, deshalb trägt er fast das ganze **Gewicht des Atoms**. Die Atomhülle wiegt dagegen im Vergleich zum Kern so gut wie nichts.

Bei den **Größenverhältnissen** ist es umgekehrt: der Kern ist im Vergleich zur Hülle winzig klein. Er hat einen Durchmesser von nur 10^{-15} m, das Atom von 10^{-10} m. Das Verhältnis ist ungefähr so wie ein Tischtennisball in einer Sporthalle. Den Elektronen steht somit ein riesiger Raum zur Verfügung, in dem sie sich bewegen. Diese Elektronenhülle um das Atom dient auch als Abstandshalter zwischen den einzelnen Atomkernen (Abb. 1).

Der Kern ist durch die Protonen positiv geladen. Die Neutronen dienen als eine Art Abstandshalter zwischen den Protonen innerhalb des Kerns. Die Hülle ist negativ geladen, da sich in ihr die Elektronen aufhalten. **Nach außen hin ist die Ladung eines Atoms neutral,** da in einem Atom immer gleich viele Elektronen wie Protonen vorkommen.

Die **Anzahl der Protonen** im Kern wird durch die **Kernladungszahl** beschrieben. Nach ihr werden die Atome in aufsteigender Reihenfolge im Periodensystem angeordnet. Deshalb wird sie auch **Ordnungszahl** genannt. Wasserstoff hat z. B. die Ordnungszahl 1, Helium 2 und Sauerstoff 8 (s. Periodensystem). Da Atome nach außen neutral sind, kommen immer gleich viele Elektronen wie Protonen vor, somit entspricht die Ordnungszahl gleichzeitig auch der Anzahl der Elektronen eines Atoms.

Beispiel: Kohlenstoff hat die Ordnungszahl 6. Er steht also an sechster Stelle im Periodensystem. Damit ist auch klar, dass er 6 Protonen in seinem Kern enthält und 6 Elektronen in seiner Hülle. Seine relative Atommasse liegt bei 12,011. Während die Atommasse der Protonen und Neutronen bei ca. 1 liegt, ist die Masse des Elektrons zu vernachlässigen. Daraus lässt sich schließen, dass neben den 6 Protonen noch 6 Neutronen im Kern vorliegen müssen.

Die **Gesamtzahl der Neutronen und Protonen** bezeichnet man auch als **Massenzahl**. Sie entspricht annäherungsweise der Atommasse. Kohlenstoff hat also die Massenzahl 12. Folglich kann man Kohlenstoff so kennzeichnen: $^{12}_{6}$C, Phosphat als $^{31}_{15}$P und Kalium als $^{39}_{19}$K.

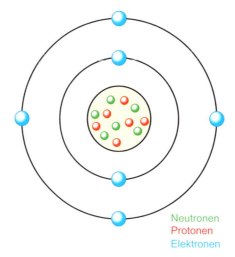

Abb. 1: Aufbau eines Atoms am Beispiel des Kohlenstoffs. [1]

Neutronen
Protonen
Elektronen

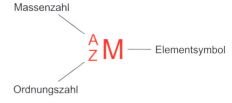

Massenzahl — ^A_ZM — Elementsymbol
Ordnungszahl

Elemente und Isotope

Von einem **chemischen Element** spricht man dann, wenn alle Atome eines Elements die **gleiche Kernladungszahl/Ordnungszahl** haben. Die für den Menschen bedeutendsten Elemente sind u. a. Natrium (Na), Kalium (K), Sauerstoff (O), Kohlenstoff (C), Kalzium (Ca) und Wasserstoff (H). Sie lassen sich durch ein Elementsymbol abkürzen (in Klammern angegeben), das dann auch in den Formeln Verwendung findet.

Name	Symbol	Absolute Ladung	Relative Ladung	Relative Masse	Absolute Masse
Proton	p^+	$1,6 \times 10^{-19}$ C	+1	1,0073	$1,66 \times 10^{-24}$ g
Elektron	e^-	$1,6 \times 10^{-19}$ C	−1	5×10^{-4}	$9,10 \times 10^{-28}$ g
Neutron	n	0		1,0087	$1,66 \times 10^{-24}$ g

Tab. 1: Charakteristika von Protonen, Elektronen und Neutronen

Die **Massenzahl** kann innerhalb eines Elementes verschieden sein, da die **Anzahl der Neutronen variieren** kann. So kommen vom C-Atom verschiedene Formen vor: Am häufigsten ist das $^{12}_{6}C$ (6 Protonen, 6 Neutronen) mit 98,9%. Daneben gibt es auch C-Atome mit den Massenzahlen $^{13}_{6}C$ und $^{14}_{6}C$: sie haben 1 bzw. 2 Neutronen mehr. Ebenso kann ein C-Atom auch weniger Neutronen enthalten ($^{11}_{6}C$). Diese Formen nennt man **Isotope (= Nuklide)**.
Ein weiteres Beispiel ist Wasserstoff: In 99,99% liegt er als $^{1}_{1}H$ (nur 1 Proton) vor, daneben gibt es aber auch $^{2}_{1}H$ (Deuterium), $^{3}_{1}H$ (Tritium).
Isotope können **stabil** oder **instabil** sein. Die instabilen Isotope werden als **Radioisotope** bezeichnet, da sie radioaktive Strahlung aussenden. Dies geschieht, weil ihre Kerne durch die veränderte Zusammensetzung aus Protonen und Neutronen instabil geworden sind. Durch die Aussendung von Elementarteilchen in Form von Strahlung versuchen die Atome, wieder in einen stabilen Zustand zu gelangen. Beim Wasserstoff ist das Tritium radioaktiv und beim Kohlenstoff die Isotope $^{11}_{6}C$ und $^{14}_{6}C$.

Atomare Massen, Stoffmenge Mol

Für die Masse wird normalerweise die Einheit kg verwendet. Da die Masse von Atomen äußerst klein ist, wäre die Angabe in Kilogramm oder Gramm sehr umständlich. Man verwendet stattdessen die **atomare Masseneinheit (u)**. Wie bereits besprochen, hat man das Kohlenstoffatom als Bezugsgröße festgelegt: somit ist 1 u = **1/12 der Masse des Kohlenstoffisotops** $^{12}_{6}C$ = $1,66 \times 10^{-24}$ g (= 0,000 000 000 000 000 000 000 001 66 g). $^{12}_{6}C$ Kohlenstoff wiegt damit 12 u, $^{1}_{1}H$ 1 u und $^{16}_{8}O$ 16 u.
Schaut man auf die Atommassen im Periodensystem, so findet man keine glatten Atommassen. Dies hat drei Gründe:

▶ Die einzelnen Elemente kommen als Isotope mit unterschiedlichen Massenzahlen vor.
▶ Die Masse von Protonen und Neutronen ist nicht exakt identisch (❙ Tab. 1).
▶ Massendefekt: die Elementarteilchen lassen sich mit ihren Massen nicht genau addieren, sondern es geht ein wenig Masse durch die atomare Bindungsenergie verloren.

Beispiel: Möchte man die Atomanzahl in 14 g Stickstoff berechnen, so teilt man diese 14 g durch die Masse eines einzelnen Stickstoffatoms (= $14 \times 1,66 \times 10^{-24}$ g). Das Ergebnis sind $6,022 \times 10^{23}$ Teilchen. Diese Zahl wird als **Avogadro-Konstante** bezeichnet. Von ihr leitet sich die Einheit der **Stoffmenge n**, das Mol (Einheit: mol) ab. In **1 mol** eines Stoffes finden sich immer $6,022 \times 10^{23}$ **Teilchen**. Da die Atomgewichte bekannt sind, kann man nun errechnen, wie schwer 1 mol eines Stoffes ist. So wiegt ein Mol Stickstoff 14 g, 1 Mol Sauerstoff 16 g und Kohlenstoff 12 g. 1 Mol entspricht der relativen Atommasse in Gramm. Dies wird als **molare Masse M** oder **Molmasse** bezeichnet (❙ Tab. 2 und S. 22/24 Stöchiometrie).

Stoffportion m	Elementsymbol	Atomare Masse (u)	Teilchenanzahl	Stoffmenge n (n = m/M)	Molare Masse M
12 g Kohlenstoff	C	12 u	$6,022 \times 10^{23}$	1 mol	12 g/mol
9 g Sauerstoff	O_2	32 u (2×16 u)	$1,7 \times 10^{23}$ (9 g/[32 g $\times$ $1,66 \times 10^{-24}$])	0,28 mol (9 g/32 g/mol)	32 g/mol
9 g Wasser	H_2O	18 u (2×1 u + 16 u)	$3,0 \times 10^{23}$ (9 g/[18 g $\times$ $1,66 \times 10^{-24}$])	0,5 mol (9 g/18 g/mol)	18 g/mol

❙ Tab. 2: Beispiele für die Berechnung von Teilchenanzahl, Stoffmenge und molare Masse

Zusammenfassung

✖ Die Elementarteilchen der Atome sind die **Protonen (p⁺), Neutronen (n) und Elektronen (e⁻)**. Im Kern befinden sich Protonen und Neutronen, sie machen die positive Ladung und das Gewicht eines Atoms aus. In der Hülle befinden sich die Elektronen, sie machen die negative Ladung und die Größe eines Atoms aus.

✖ Die **Kernladungszahl** oder auch **Ordnungszahl** entspricht sowohl der Zahl an Protonen im Atomkern wie auch der Zahl der Elektronen in der Atomhülle.

✖ Die **Massenzahl** gibt die Anzahl der Nukleonen (Protonen und Neutronen) wieder.

✖ **Element:** gleiche Ordnungszahl

✖ **Isotop:** gleiche Ordnungszahl, aber unterschiedliche Massenzahl

✖ **Radioisotop:** instabiles Isotop, das radioaktive Strahlung abgibt

✖ **Atomare Masse:** Einheit u = 1/12 von $^{12}_{6}C$ = $1,66 \times 10^{-24}$ g

✖ **Avogadro-Konstante:** $6,022 \times 10^{23}$ Teilchen/mol

✖ **Stoffmenge n:** Einheit mol. Zähleinheit für die Teilchenanzahl.

✖ **Molare Masse M:** Einheit g/mol. Gibt an, wie schwer 1 mol eines Elements ist.

✖ **Berechnung von n:** n = m/M.

Das Periodensystem

Aufbau des Periodensystems

Das Periodensystem, wie wir es heute kennen, stammt aus dem 19. Jahrhundert und zeigt eine Einteilung der Elemente in **Gruppen (vertikal)** anhand chemisch ähnlicher Eigenschaften. Von links nach rechts sind die Elemente nach steigender Ordnungszahl (Anzahl der Protonen) in **Perioden (horizontal)** angeordnet (s. Periodensystem im Anhang S. 92). Erst später zeigte sich, dass die Ähnlichkeiten bei chemischen Reaktionen innerhalb einer Gruppe auf das Vorhandensein bestimmter Elektronenkonfigurationen zurückzuführen sind.

Elektronenkonfiguration

Betrachten wir also noch einmal die Grundlagen (s. auch S. 2/4). Die Elektronenkonfiguration lässt sich unter Beachtung dreier Prinzipien herleiten:

▶ **Pauli-Prinzip:** Jedes Orbital kann mit maximal 2 Elektronen besetzt werden.
▶ **Energieprinzip:** Das Auffüllen der einzelnen Niveaus erfolgt nacheinander, beginnend mit dem energieärmsten 1s-Orbital. Dann folgt das 2s-Orbital, das 2p-Orbital und dann das 3s-, 3p-Orbital usw.
▶ **Hundsche-Regel:** Die drei energetisch gleichwertigen p-Orbitale (p_x, p_y, p_z) werden zunächst einfach mit Elektronen des gleichen Spins besetzt. Erst wenn alle ein Elektron enthalten, erfolgt die Besetzung mit dem zweiten Elektron mit entgegengesetztem Spin.

Beginnt man bei Wasserstoff (H), so hat dies ein $1s^1$-Elektron. Als Nächstes folgt Helium (He), es hat 2 Elektronen im ersten s-Orbital = $1s^2$. Damit ist das erste s-Orbital voll. Nun folgt die Besetzung des zweiten s-Orbitals (Li und Be) ebenfalls mit 2 Elektronen und anschließend die der p-Orbitale (B bis Ne) mit insgesamt 6 Elektronen (▌Abb. 1). In der dritten Periode folgt Natrium. Es hat die Elektronenkonfiguration $1s^2\ 2s^2\ 2p^6\ 3s^1$. Bei der vierten Periode zeigt sich, dass nicht wie vermutet als Nächstes das 3d-Orbital befüllt wird, sondern vorher das 4s-Orbital, da dies energetisch günstiger ist. Erst ab den Sc (Scandium) wird das 3d-Orbital weiter aufgefüllt (▌Abb. 2). Somit kommt es zum Einschub der **Nebengruppe**. Bei ihnen wird also, nachdem bereits eine weiter außen liegende Schale befüllt wurde, eine weiter innen liegende nachträglich aufgefüllt. Gleiches geschieht auch bei den **Lanthaniden** und **Actiniden**.

Haupt- und Nebengruppen

Die Elemente einer Gruppe (vertikal) weisen jeweils die gleiche Anzahl an Elektronen in der äußersten Schale (= **Valenzelektronen**) auf (Ausnahme Helium). Da diese Elektronen die chemischen Eigenschaften der Elemente bestimmen, haben die Elemente einer Gruppe ähnliche Eigenschaften. Dabei werden Elemente den **acht Hauptgruppen** zugeordnet, wenn die äußere Schale mit Elektronen befüllt wird. Erfolgt die Befüllung einer weiter innen gelegenen Schale, so werden sie den Nebengruppen oder den Lanthaniden und Actiniden zugeordnet.

Element	Elektronen-konfiguration	Orbitaldarstellung
H	$1s^1$	↑
He	$1s^2$	↑↓
Li	$1s^2\ 2s^1$	↑↓ ↑
Be	$1s^2\ 2s^2$	↑↓ ↑↓
B	$1s^2\ 2s^2\ 2p^1$	↑↓ ↑↓ ↑
C	$1s^2\ 2s^2\ 2p^2$	↑↓ ↑↓ ↑ ↑
N	$1s^2\ 2s^2\ 2p^3$	↑↓ ↑↓ ↑ ↑ ↑
O	$1s^2\ 2s^2\ 2p^4$	↑↓ ↑↓ ↑↓ ↑ ↑
F	$1s^2\ 2s^2\ 2p^5$	↑↓ ↑↓ ↑↓ ↑↓ ↑
Ne	$1s^2\ 2s^2\ 2p^6$	↑↓ ↑↓ ↑↓ ↑↓ ↑↓

▌Abb. 1: Elektronenkonfiguration von H bis Ne. [1]

▶ **Hauptgruppen:** Besetzung der s- und p-Orbitale der äußeren Schalen. Die d- und f-Orbitale sind entweder gar nicht oder vollständig besetzt.
▶ **Nebengruppen:** Hier werden die d-Orbitale besetzt.
▶ **Lanthanide und Actinide:** Hier werden zusätzlich die f-Orbitale besetzt.

Hauptgruppen

Jede der **acht Hauptgruppen** trägt einen Eigennamen:

1. Gruppe: Alkalimetalle
2. Gruppe: Erdalkalimetalle
3. Gruppe: Erdmetalle
4. Gruppe: Kohlenstoffgruppe
5. Gruppe: Nitrogruppe
6. Gruppe: Chalkogene
7. Gruppe: Halogene
8. Gruppe: Edelgase.

Die Gruppennummer der Hauptgruppen gibt gleichzeitig die Zahl der Valenzelektronen eines Elementes an. So haben Li und Na aus der ersten Gruppe 1 Valenzelektron, und F und Cl aus der siebten Gruppe 7. Die Edelgase haben 8 Valenzelektronen, womit die Schale voll besetzt ist. Dies wird als **Oktett** bezeichnet. Diese Elemente sind besonders stabil. Diese Elektronenkonfiguration „streben" die Elemente in Verbindungen an (s. Chemische Bindungen, S. 12).

Reihenfolge bei der Auffüllung der Orbitale mit Elektronen innerhalb der Perioden des Periodensystems (links) und eine Hilfskonstruktion (rechts), um die Auffüllung der Orbitale leichter zu erinnern.								
7. Periode	$7s^{1\ bis\ 2}$	$5f^{1\ bis\ 14}$	$6d^{1\ bis\ 10}$	$7p^?$	7s			
6. Periode	$6s^{1\ bis\ 2}$	$4f^{1\ bis\ 14}$	$5d^{1\ bis\ 10}$	$6p^{1\ bis\ 6}$	6s	6p	6d	
5. Periode	$5s^{1\ bis\ 2}$	$4d^{1\ bis\ 10}$	$5p^{1\ bis\ 6}$		5s	5p	5d	5f
4. Periode	$4s^{1\ bis\ 2}$	$3d^{1\ bis\ 10}$	$4p^{1\ bis\ 6}$		4s	4p	4d	4f
3. Periode	$3s^{1\ bis\ 2}$	$3p^{1\ bis\ 6}$			3s	3p	3d	
2. Periode	$2s^{1\ bis\ 2}$	$2p^{1\ bis\ 6}$			2s	2p		
1. Periode	$1s^{1\ bis\ 2}$				1s			

Abb. 2: Reihenfolge zur Auffüllung der Orbitale mit Elektronen. [2]

Nebengruppen

Die zehn Nebengruppen enthalten ausschließlich Metalle. Sie haben alle jeweils 2 Elektronen auf ihrer äußersten Schale. Die einzelnen Nebengruppen unterscheiden sich nicht so sehr in ihren Eigenschaften, da nur die Valenzelektronen auf einer weiter innen gelegenen Schale variieren.

Radioaktivität

Bei den Isotopen hatten wir auch solche kennengelernt, deren Kern instabil ist. Sie zerfallen und senden dabei Strahlung aus, die für den Menschen gefährlich ist, aber auch von ihm genutzt werden kann (z. B. Röntgen, Kernkraftwerke). Dabei gibt es verschiedene Arten von Strahlung:

α-Strahlen

α-Strahlen bestehen aus **positiv geladenen Heliumkernen** $^{4}_{2}He^{2+}$ und haben eine Reichweite in Luft von nur wenigen Zentimetern. Bereits durch Papier lassen sie sich abschirmen. Dies liegt an ihren starken Wechselwirkungen mit anderen Atomen, deshalb sind sie für den Menschen auch so gefährlich.

β-Strahlen

β-Strahlen sind **Elektronen,** die aus dem Atomkern stammen. Normalerweise kommen diese dort nicht vor. Sie entstehen erst, wenn ein Neutron in ein Proton und ein Elektron zerfällt. In der Luft besitzen β-Strahlen eine Reichweite von mehreren Metern, und um sie abzuschirmen, wird eine Aluminiumplatte von wenigen Millimetern benötigt. Zusammen mit den α-Strahlen wird die β-Strahlung aufgrund ihrer hohen Energiedichte auch als harte Strahlung bezeichnet.

γ-Strahlen

γ-Strahlen sind **elektromagnetische Wellen** sehr kleiner Wellenlänge, für die sich keine maximale Reichweite angeben lässt. Erst durch dicke Bleiplatten ist es möglich, γ-Strahlen abzuschirmen. Sie wird im Gegensatz zu den α- und β-Strahlen als weiche Strahlung bezeichnet.

> Umso kürzer die Reichweite, desto energiereicher ist die Strahlung und desto gefährlicher ist sie auch: α → β → γ.

Zum Nachweis von Strahlung macht man sich ihre Eigenschaft zunutze, mit Materie zu interagieren. In einem **Geiger-Zähler** werden Gasatome durch α- und β-Strahlen ionisiert, die durch eine von ihnen ausgelöste Kaskade schließlich einen Stromstoß erzeugen, der hörbar gemacht werden kann. γ-Strahlen können besser mit einem **Szintillationszähler** nachgewiesen werden, in dem durch die Strahlung ein Lichtblitz ausgelöst wird.

Da mit jeder ausgesandten Strahlung auch ein Radioisotop zerfällt, nimmt ihre Anzahl mit der Zeit ab. Dabei ist die **Halbwertszeit** die charakteristische Größe. Sie gibt an, in welchem Zeitraum die Hälfte der vorliegenden Atomkerne zerfallen ist. Liegen von einem Radioisotop mit der Halbwertszeit von $t_{1/2} = 1$ Jahr 2000 Atome vor, so sind nach 1 Jahr noch 1000, nach 2 Jahren noch 500 und nach 3 Jahren noch 250 Atome vorhanden. Graphisch lässt sich das durch eine e-Funktion darstellen, die sich asymptotisch Null annähert.

> ### Zusammenfassung
> - Das Periodensystem ist in **Gruppen** (vertikal) und **Perioden** (horizontal) unterteilt.
> - Die Auffüllung der Orbitale mit Elektronen erfolgt von den energiearmen hin zu den energiereichen und nimmt mit steigender Ordnungszahl jeweils um ein Elektron zu.
> - Die Elemente lassen sich in Haupt-, Nebengruppen und Lanthanide/Actinide einteilen.
> - **Hauptgruppen**: Besetzung der s- und p-Orbitale der äußeren Schalen. **Nebengruppen**: Besetzung der d-Orbitale der inneren Schale. **Lanthanide/Actinide**: Besetzung der f-Orbitale.
> - Hat ein Element 8 Elektronen auf seiner äußeren Schale, so wird dies als **Oktett** bezeichnet. Das Element ist äußerst stabil (**Oktettregel**).
> - Radioaktivität: Es gibt drei Arten von Strahlung: α**-Strahlen**: positive Heliumkerne, β**-Strahlen**: Elektronen, γ**-Strahlen**: elektromagnetische Wellen.

Zustände von Materie

Aggregatzustände

Materie kann in drei Aggregatzuständen vorliegen: **fest, flüssig** und **gasförmig**. Daneben gibt es noch den Plasmazustand bei extrem tiefen Temperaturen. Geht ein Aggregatzustand in einen anderen über, so gibt es dafür feststehende Begriffe (Abb. 1). In welchem Zustand ein Stoff vorliegt, hängt von seinen Umgebungsbedingungen, wie Temperatur und Druck ab (s. u. Schmelz- und Siedepunkt).

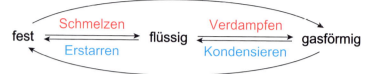

Abb. 1: Übergänge zwischen Aggregatzuständen. [1]

Feststoffe

Bei dem Versuch, eine Eisenstange zu verbiegen, bedarf es einer enormen Kraft. Auf Ebene der Atome bedeutet dies, dass sich die einzelnen Teilchen des Feststoffes nur sehr schwer gegeneinander verschieben lassen. Will man die Stange gar durchbrechen – also die Teilchen voneinander lösen –, so muss man eine noch größere Kraft aufwenden. Zwischen den Atomen wirken **starke Anziehungskräfte,** die sie auf ihren Plätzen festhalten, so dass sie sich nicht frei bewegen, sondern lediglich um sich selbst rotieren können (Tab. 1).
Bei den Feststoffen unterscheidet man die **kristallinen** und die **amorphen Feststoffe**. Bei den kristallinen stehen die Atome nicht nur sehr **dicht,** sondern zusätzlich auch sehr **geordnet** zueinander. Der Feststoff hat eine **definierte Form** und ein **definiertes Volumen**. Ein typisches Beispiel sind Kristalle. Die amorphen Stoffe zeigen keine solch geordnete Struktur, weshalb sie auch keine definierte Form annehmen, z. B. Pulver.

Flüssigkeiten

In Flüssigkeiten zeigen die Atome **mehr Eigenbewegung** als in Feststoffen. Die Atome bewegen sich stärker gegeneinander und haben damit eine **höhere kinetische Energie**. Dadurch beansprucht jedes Atom mehr Raum für sich und der Abstand zwischen ihnen wird größer. Flüssigkeiten können daher **keine feste Form** annehmen, sondern passen sich jeder Gefäßform an. Ihr **Volumen** bleibt dabei – egal in welcher Form – gleich. Die Anziehungskräfte der Atome sind gering – dadurch lassen sich Flüssigkeiten gut teilen –, aber noch vorhanden, was sich am Zusammenhalt eines Tropfens zeigt. Dies wird als **Oberflächenspannung** bezeichnet.

Gase

Gas lässt sich im Gegensatz zu Flüssigkeiten und Feststoffen gut komprimieren und nimmt jeden zur Verfügung stehenden Raum ein. Dies lässt sich dadurch erklären, dass die Atome eines Gases einen sehr großen Abstand voneinander haben. Die Anziehungskräfte zwischen ihnen sind äußerst gering, und die einzelnen Atome haben die Möglichkeit, sich frei und ungeordnet zu bewegen. Somit haben Gase **keine feste Form** (Tab. 1).
Die Geschwindigkeit der Atome eines Gases wird durch die kinetische Energie beschrieben. Sie steigt mit der Temperatur an. Je wärmer es ist, desto schneller bewegen sich die Atome, das Gas dehnt sich aus. Treffen die Atome dabei auf eine Begrenzung, so erzeugen sie durch ihren Aufprall einen Druck. Dieser Sachverhalt lässt sich annäherungsweise durch das **allgemeine Gasgesetz** ausdrücken:

$$p \times V = n \times R \times T$$

Dabei steht p für den Druck in Pa, V für das Volumen in m³, n für die Teilchenanzahl in mol, R ist die allgemeine Gaskonstante (8,31 J/mol × K) und T die absolute Temperatur in Kelvin.
Es zeigt, dass **Druck und Volumen direkt proportional zur Temperatur** sind. Wird die Temperatur auf 0 Kelvin abgesenkt (das entspricht dem absoluten Nullpunkt bei −273,15 °C), so wird auch das Volumen 0 m³ sein. Anders kann auch errechnet werden, wie viel Volumen 1 mol (6,022 × 10^{23} Teilchen) bei Normalbedingungen (760 mmHg = 1,013 bar und 0 °C = 273 K) einnimmt. Heraus kommt ein Volumen von 22,4 l. Es wird als **Molvolumen** bezeichnet.

Eigenschaften

Schmelz- und Siedepunkt

Weiter oben haben wir bereits die verschiedenen Aggregatzustände kennengelernt. In welchem Zustand dabei ein Stoff vorliegt, hängt von dem ihn umgebenden **Druck** und der **Temperatur** ab. Die Temperaturgrößen, an denen sich die Aggregatzustände ändern, werden als **Schmelzpunkt (fest → flüssig)** und als **Siedepunkt (flüssig → gasförmig)** bezeichnet. Sie stellen charakteristische Größen von Stoffen dar. Weichen Siede- und Schmelzpunkt von dem für sie angegebenen Wert ab, so kann dies ein Hinweis auf eine Verunreinigung des Stoffes sein.
Ermitteln lassen sie sich, indem man z. B. Wasser erhitzt und den Tempera-

	Teilchen	Stoffeigenschaften	E_{kin}
Feststoffe	Sehr kleiner Abstand Große Anziehung	Schwer verformbar Schwer teilbar	Gering
Flüssigkeiten	Kleiner Abstand Geringe Anziehung	Leicht verformbar Gut teilbar	Hoch
Gase	Großer Abstand Fast keine Anziehung	Verteilt sich im zur Verfügung stehenden Raum	Sehr hoch

Tab. 1: Eigenschaften der Aggregatzustände

turverlauf verfolgt. Bei 100 °C beginnt Wasser zu sieden, danach steigt die Temperatur nicht weiter an. Wiederholt man den Versuch auf einem Berg (geringerer Druck), so beginnt Wasser schon bei niedrigeren Temperaturen zu sieden. Bei dem Wechsel von flüssig zu gasförmig nimmt die Bewegungsenergie und der Abstand der Atome zu, hierzu wird die Temperaturzugabe benötigt. Auf dem Berg herrscht ein geringerer Druck, der die Teilchen zusammenhält. Folglich ist dort auch weniger Energie (Temperatur) nötig, um ihren Abstand und die Bewegung zu vergrößern. Der Schmelzpunkt lässt sich auf ähnliche Weise ermitteln. Gibt man Schwefel in ein Reagenzglas und erwärmt dieses, so beginnt der Schwefel ab 119 °C zu schmelzen. Von hier an steigt die Temperatur nicht weiter, bis eine klare Schmelze entstanden ist. Erst dann erwärmt sich die Flüssigkeit weiter bis zum Sieden.

Dichte

Nimmt man zwei gleich große Kugeln aus Blei und Aluminium in die Hand, so ist die aus Blei deutlich schwerer. Anders ausgedrückt: Sie hat eine höhere Dichte. Diese ist definiert über die Masse in Gramm eines 1-cm³-Würfels:

Dichte = Masse/Volumen

Nicht jeder Festkörper weist eine regelmäßige Form auf, die eine einfache Berechnung der Dichte ermöglicht. Dann lässt sich das Volumen durch Wasserverdrängung bestimmen. Bei Flüssigkeiten hingegen ist es sehr einfach: Das Volumen liest man anhand eines Messzylinders ab. Bei Gasen ist es schwieriger. Hier nimmt man eine Gaswägekugel zu Hilfe. Diese ist luftleer und wird mit einem bestimmten Volumen eines Gases befüllt und anschließend gewogen. Aus Masse und Volumen lässt sich dann ebenfalls die Dichte bestimmen.

Die Dichte ist ebenso wie der Aggregatzustand **abhängig von Temperatur und Druck**, da sich hiermit das Volumen verändert.

> **1. Schritt:** Bestimmung der Masse in Gramm
> **2. Schritt:** Bestimmung des Volumens in cm³
> **3. Schritt:** Berechnung der Dichte aus Masse/Volumen

Löslichkeit

Gibt man Zucker in Wasser, so löst sich dieser auf. Es bildet sich eine Lösung. Dabei dient das Wasser als **Lösungsmittel**. Fügt man dem Wasser mehr Zucker zu, so löst sich dieser nicht beliebig weiter auf. Irgendwann ist das Wasser mit Zucker **gesättigt**, der Zucker fällt aus. Es bildet sich ein **Bodensatz**. Zwischen Bodensatz und Lösung werden Moleküle ausgetauscht, aber die Zuckerkonzentration in der Lösung bleibt gleich, ein Gleichgewichtszustand. Erwärmt man das Wasser nun, so löst sich der Bodensatz teilweise auf. Beim Abkühlen erscheint er wieder. Die Löslichkeit von Zucker ist **temperaturabhängig**. Dies gilt allerdings nicht für alle Stoffe, z. B. beim Sauerstoff hängt die Löslichkeit auch vom Druck ab.

Neben Feststoffen können auch Flüssigkeiten (Alkohol) oder Gase (Sprudel) im Lösungsmittel gelöst werden. Allerdings löst sich nicht jeder Stoff in jedem Lösungsmittel, z. B. löst sich Öl nicht in Wasser.
Die **Löslichkeit** ist eine messbare Stoffeigenschaft, die angibt wie viel Gramm eines Stoffes sich in 100 g Lösungsmittel lösen. Im Unterschied zur Löslichkeit gibt die **Konzentration** die Menge des gelösten Stoffes in einer bestimmten Menge der Lösung an.

Reinstoffe und Stoffgemische

Neben den **Reinstoffen,** die eine definierte chemische Zusammensetzung haben und durch ihre physikalischen Eigenschaften, wie z. B. Schmelz- und Siedepunkt, Löslichkeit und Dichte charakterisiert sind, gibt es die **Stoffgemische.** Sie bestehen aus mehreren Reinstoffen in wechselnden Mengenverhältnissen und können homogen (nach außen einheitlich = eine Phase) oder heterogen (uneinheitlich = mehrere Phasen) sein:

▶ **Homogen:** Gasmischungen (gasförmig – gasförmig), Lösungen (flüssig – flüssig), Legierungen (fest – fest),
▶ **Heterogen:** Aerosol (flüssig/fest – gasförmig), Emulsion (flüssig – flüssig), Suspension (fest – flüssig), Konglomerat (fest – fest).

> ### Zusammenfassung
> ✖ Aggregatzustände der Materie: **fest, flüssig** und **gasförmig.** Sie sind gekennzeichnet durch die Anordnung und die aufeinander wirkenden Kräfte ihrer Atome (Tab. 1).
> ✖ **Schmelzpunkt** (fest → flüssig) und **Siedepunkt** (flüssig → gasförmig) stellen **charakteristische Größen** eines Stoffes dar.
> ✖ Die **Dichte (g cm⁻³) = Masse/Volumen** ist eine charakteristische Stoffgröße.
> ✖ Die **Löslichkeit** ist eine Stoffeigenschaft, die angibt, wie viel Gramm eines Stoffes sich in 100 g Lösungsmittel lösen. Teilweise ist sie temperaturabhängig.
> ✖ Es gibt **homogene und heterogene Stoffgemische,** die sich jeweils weiter unterteilen lassen.

Chemische Bindung – Grundlagen

Oktettregel

In der Natur kommen die wenigsten Stoffe als reine Atome vor. Fast immer handelt es sich um Verbindungen. Dabei treten die einzelnen Atome zu Molekülen zusammen, und ihre chemischen und physikalischen Eigenschaften ändern sich. Die Verbindungen untereinander erfolgen nicht wahllos, sondern werden von dem ordnenden Prinzip der Edelgaskonfiguration beherrscht.
Im Periodensystem zeigen die Edelgase (achte Hauptgruppe) alle die **Elektronenkonfiguration s^2p^6** ihrer **8 Valenzelektronen** auf der äußersten Schale. Diese komplett gefüllte äußere Schale führt dazu, dass die Edelgase nur eine geringe Tendenz zeigen, mit anderen Stoffen Verbindungen einzugehen. Diese Valenzelektronenanzahl ist **energetisch günstig**. Alle anderen Stoffe versuchen deshalb ebenfalls, diese Edelgaskonfiguration auf ihrer äußeren Schale zu erreichen. Dazu benötigen sie einen Reaktionspartner, der ihnen entweder Elektronen zur Verfügung stellt oder von ihnen Elektronen aufnimmt. Das Ziel, nach Eingehen der Verbindung 8 Valenzelektronen auf der äußersten Schale zu haben, wird als **Oktettregel** bezeichnet (▌Abb. 1). Elektronen auf weiter innen gelegenen, voll besetzten Schalen spielen keine wesentliche Rolle. Zur Darstellung wird daher die **Lewis-Schreibweise** verwendet, in der nur die Valenzelektronen gezeigt werden.
Es gibt drei Grundtypen an chemischen Bindungen:

▶ **Atombindung:** zwischen Nichtmetallatomen durch Elektronenpaarbildung (s. S. 16/18)
▶ **Ionenbindung:** zwischen elektrisch geladenen Teilchen (Kation, Anion) (s. S. 14/15)
▶ **metallische Bindung:** zwischen Metallatomen (s. S. 14/15).

Daneben gibt es noch sehr viel schwächere Wechselwirkungen innerhalb von Verbindungen, die als **Wasserstoffbrücken** und **Van-der-Waals-Kräfte** bezeichnet werden (s. S. 14/15).

Ionisierungsenergie

Unter der Ionisierungsenergie wird die Energie verstanden, die nötig ist, um ein **Elektron aus seiner Schale herauszulösen.** Sie ist nicht für alle Elektronen gleich, sondern steigt mit zunehmender Elektronenanzahl auf der äußersten Schale an. So reicht z. B. eine geringe Energiemenge aus, um das eine Elektron vom Natrium freizusetzen; für Neon dagegen braucht man besonders viel Ionisierungsenergie. Auch die Entfernung der Elektronen zum Atomkern hat einen Einfluss. Je weiter die Schale vom Kern entfernt ist, desto weniger Ionisierungsenergie ist nötig. Für das Elektron vom Natrium ist demnach weniger Energie nötig als für das vom Lithium.

> Die **Ionisierungsenergie** ist die Energie, die zur **Abgabe eines Elektrons** nötig ist. Sie nimmt im Periodensystem von links nach rechts zu und von oben nach unten ab.

Ausnahmen bilden dabei die halb besetzten Orbitale: Sie sind stabiler als die sie umgebenden Elemente; z. B. hat Stickstoff (mit 3 Elektronen nur halb besetztes p-Orbital) eine höhere Ionisierungsenergie als Sauerstoff, obwohl es weiter links steht.

Elektronenaffinität

Unter der Elektronenaffinität versteht man die Energie, die benötigt wird, damit ein Atom ein **Elektron auf seine äußerste Schale aufnehmen** kann. Dabei kann die Energie größer oder kleiner Null sein:

▶ Ist sie positiv (> 0), so wird Energie benötigt, das Element hat eine geringe Affinität.
▶ Ist sie negativ (< 0), so wird Energie freigesetzt, das Element hat eine hohe Affinität.

Besonders viel Energie wird freigesetzt, wenn dabei halb (s^2p^3) oder voll (s^2p^6) besetzte Orbitale entstehen. So haben die Elemente der vierten und siebten Hauptgruppe eine besonders hohe Elektronenaffinität (= negativer Energiebetrag, Energie wird frei). Bei der Aufnahme eines Elektrons durch Kohlenstoff (C) entsteht ein halbvolles Orbital, deshalb weist C eine hohe Elektronenaffinität auf. Noch höher ist die von Fluor, da hier durch die Aufnahme ein voll besetztes p-Orbital entsteht. Die Edelgase mit voll besetzter und die Elemente mit halb besetzter Außenschale nehmen ungern Elektronen auf. Sie haben eine geringe Elektronenaffinität.

> Die **Elektronenaffinität** ist die Energie, die zur **Aufnahme eines Elektrons** nötig ist. Dabei steigt die Affinität von links nach rechts an (Energie wird frei). Ausnahmen finden sich in der dritten und achten Hauptgruppe.

Damit zeigt sich, dass die Elemente links im Periodensystem geneigt sind, Elektronen abzugeben. Hierbei entstehen **positiv geladene Kationen**. Die Elemente rechts nehmen lieber Elektronen auf. Hierbei entstehen **negativ geladene Anionen**. Edelgase zeigen keine der beiden Tendenzen.

Elektronegativität

Neben der Ionisierungsenergie und der Elektronenaffinität gibt es noch den Begriff der **Elektronegativität.** Diese bezeichnet das Maß für die **Elektronenverteilung** innerhalb einer chemischen Verbindung. Dabei wurde eine relative Skala mit Werten zwischen 1,0 für Li und 4,0 für Fluor als elektronegativstem Atom festgelegt. Je höher der Wert ist, desto mehr zieht ein Element innerhalb

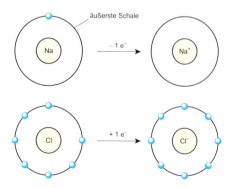

▌ Abb. 1: Natrium und Chlorid als Beispiel für die Oktettregel. [1]

einer gemeinsamen Verbindung die daran beteiligten Elektronen auf seine Seite. Bildet man die Elektronegativitätsdifferenz (ΔEN) der an einer Verbindung beteiligten Atome, so kann man eine Aussage über den entstehenden **Bindungstyp** treffen. Dabei gilt:

▶ ΔEN > 1,9:
Es liegt eine **Ionenbindung** vor.
▶ ΔEN < 1,9:
Es liegt eine **Atombindung** vor.

Beispiele:
▶ Na-Cl: ΔEN = 2,3 → Ionenbindung bestehend aus Kation (Na^+) und Anion (Cl^-)
▶ C-H: ΔEN = 0,4 → Atombindung mit Elektronenpaaren (s. S. 16/17).

In einer Ionenbindung zieht demnach ein Partner die Elektronen zu sich hin, und der andere gibt diese ab. Bei der Atombindung hingegen werden die Ionen zwischen den Partnern geteilt. Die Übergänge zwischen diesen beiden Bindungstypen sind fließend.

Oxidationszahl

Die Oxidationszahl (s. auch Kap. Säuren u. Basen, S. 36/37) gibt die **Wertigkeit** (gedachte Ladung) an, die ein Atom innerhalb einer Verbindung hätte, wenn die Elektronen jeweils vollständig auf die Seite der höheren Elektronegativität gezogen würden. Man erhält sie, indem man die aktuell hinzugekommenen oder abgegebenen Elektronen abzählt. Dabei steht eine **positive Oxidationszahl** für **abgegebene** und eine **negative** für **aufgenommene Elektronen**.
Beispiel: Natrium gibt sein Elektron aufgrund der geringen Elektronegativität in der Verbindung mit Fluor an dieses ab. Somit erhält Natrium die Oxidationszahl +I (1 Elektron weniger) und Fluor die Oxidationszahl –I (1 Elektron mehr). Im elementaren Zustand haben die Atome die Oxidationszahl 0. Geschrieben wird die Oxidationszahl als kleine Ziffer rechts oberhalb des Elementsymbols. Die Besprechung der Oxidationszahlberechnung komplexerer Verbindungen erfolgt in Kapitel Oxidation und Reduktion, S. 40/41.

Formeln und systematische Namen

Chemische Verbindungen lassen sich anhand bestimmter Regeln benennen:

▶ Der positive Partner steht vor dem negativen.
▶ Die Bezeichnung des positiven Partners bleibt unverändert, die des negativen erhält die Endung -id. *Beispiel:* NaCl: Natriumchlorid, MgO: Magnesiumoxid.
▶ Die Anzahl der beteiligten Anteile eines Elementes wird durch griechische Zahlwörter vor dem Atom ersetzt: 1 = Mono-, 2 = Di-, 3 = Tri- usw. In eindeutigen Fällen kann diese jedoch auch weggelassen werden. *Beispiel:* CO_2: Monokohlen(stoff)*di*oxid = Kohlen(stoff)dioxid.
▶ Die Oxidationszahl steht als römische Ziffer in Klammern hinter dem ausgeschriebenen Element. Der nachfolgende Namensteil folgt kleingeschrieben nach einem Bindestrich. *Beispiel:*
$FeCl_2$: Eisen(+II)-dichlorid(-I),
$FeCl_3$: Eisen(+III)-trichlorid(-I).
Auch hier lässt der Chemiker gerne für ihn eindeutige Bezeichnungen weg. So wird aus den Beispielen schlicht Eisen(II)-chlorid und Eisen(III)-chlorid.

H^- Hydrid	NH_4^+ Ammonium	OH^- Hydroxid
F^- Fluorid	H_3O^+ Hydronium	CN^- Cyanid
Cl^- Chlorid	NO_2^- Nitrit	HS^- Hydrogensulfid
I^- Iodid	NO_3^- Nitrat	SO_3^{2-} Silfit
O^{2-} Oxid	ClO^- Hypochlorit	SO_4^{2-} Sulfat
O_2^- Peroxid	ClO_2^- Chlorit	$S_2O_3^{2-}$ Thiosulfat
S^{2-} Sulfid	ClO_4^- Perchlorat	CO_3^{2-} Carbonat
S_2^{2-} Disulfid	MnO_4^- Permanganat	HPO_4^{2-} Hydrogenphosphat
N^{3-} Nitrid	HSO_4^- Hydrogensulfat	PO_4^{3-} Phosphat

▮ Tab. 1: Ionenladungszahlen und Namen von Ionen

Viele Ionen und Verbindungen haben Eigennamen, die man lernen muss (▮ Tab. 1).

Lewisschreibweise

In der Lewis- oder **Valenzstrichschreibweise** spielen nur die Valenzelektronen eine Rolle. Sie werden jeweils als Punkt um das Elementsymbol herum geschrieben. Dabei lassen sich jeweils zwei Punkte (Elektronen) auch als Strich darstellen. Sie bilden ein **freies Elektronenpaar.**
Die Elektronen zwischen zwei Elementen können auch durch einen Strich dargestellt werden. Analog heißen sie **bindendes Elektronenpaar** (s. S. 16, ▮ Abb. 4).

Zusammenfassung

✴ **Oktettregel:** Atome, die keine Edelgaskonfiguration s^2p^6 (8 Valenzelektronen) ihrer äußeren Schale haben, sind bestrebt, diese zu erreichen.
✴ Unter **Ionisierungsenergie** versteht man die Energie, die nötig ist, um ein Elektron aus seiner Schale herauszulösen.
✴ Unter **Elektronenaffinität** versteht man die Energie, die benötigt wird, damit ein Atom ein Elektron auf seine äußerste Schale aufnehmen kann.
✴ **Kationen** sind positiv geladene Atome und entstehen durch Elektronenabgabe.
✴ **Anionen** sind negativ geladene Atome und entstehen durch Elektronenaufnahme.
✴ Die **Elektronegativität** ist ein Maß dafür, wie stark ein Atom die gemeinsamen Elektronen in einer Verbindung zu sich heranzieht. Mit ihrer Hilfe kann der entstehende Bindungstyp abgeschätzt werden.
✴ Die **Oxidationszahl** entspricht der gedachten Ladung (Wertigkeit) eines Atoms innerhalb einer Verbindung.

Bindungstypen I

Kationen, Anionen und Ionenbindung

Die Grundlagen der Ionenbindung wurden im Kapitel Chemische Bindungen besprochen (s. S. 12/13).

Atome erreichen die **Edelgaskonfiguration** entweder durch Abgabe (niedrige Ionisierungsenergie) oder Aufnahme (hohe Elektronenaffinität) von Valenzelektronen auf ihre äußerste Schale. Dabei entstehen positiv geladene **Kationen** und negativ geladene **Anionen**. Die Elemente im linken Teil des Periodensystems neigen zur Abgabe von Elektronen (→ Kationen), die im rechten Teil zur Aufnahme von Elektronen (→ Anionen).

Zwischen diesen beiden Teilchen herrschen starke Anziehungskräfte (**Coulomb-Kräfte**). Sie lagern sich zu **Ionengittern** zusammen. Dabei wird die Verbindung eines Kations mit einem Anion als **Ionenbindung** bezeichnet. Nach außen hin sind sie **elektrisch neutral** (Abb. 1).

Die dabei entstehenden Verbindungen bezeichnet man als **Salze**. Infolge ihrer hohen elektrostatischen Anziehungskräfte bilden diese **Kristalle** und haben einen **hohen Schmelz- und Siedepunkt**. Ihre Schmelzen können aufgrund der darin enthaltenen Ionen elektrischen Strom leiten.

Beispiel: Magnesiumoxid (MgO) besteht aus Magnesium (Mg), das 2 Elektronen abgegeben hat, und Sauerstoff (O), der diese 2 Elektronen aufnimmt. Damit erhält Mg die Ladung +2 und O −2. Beide Ionen haben nun jeweils eine Oktettkonfiguration ihrer äußersten Schale. Die entstandenen Ionen ziehen sich aufgrund der Coulomb-Kräfte an und treten als neutrales Magnesiumoxid auf.

Kationen mit der Ladungszahl +2 (Mg^{2+}, Ca^{2+}, Zn^{2+}) reagieren mit einem Teilchen der Ladungszahl −2 (O^{2-}, S^{2-}). Ebenso können sie sich aber auch mit zwei Teilchen der Ladungszahl −1 (F^-, Cl^-, J^-, OH^-) verbinden ($Mg(OH)_2$, CaF_2). Andersrum können zwei einwertige Kationen sich mit einem zweiwertigen Anion verbinden (Na_2S). Wichtig ist immer, dass sich die Ladungen gegenseitig ausgleichen.

Metalle und metallische Bindung

Die meisten Elemente des Periodensystems sind **Metalle**. Sie stehen bevorzugt in der ersten und zweiten Hauptgruppe des Periodensystems. Die sich daran anschließenden Nebengruppenelemente werden ebenfalls den Metallen zugeordnet und **Übergangsmetalle** genannt. Ganz rechts im Periodensystem stehen die **Nichtmetalle**. Zwischen ihnen und den Metallen gibt es Elemente des Übergangs, die als **Halbmetalle** bezeichnet werden. Der Wechsel zwischen Halbmetall und Nichtmetall erfolgt dabei treppenartig nach unten. Die Elemente mit den Ordnungszahlen 13 (Al), 32 (Ge), 51 (Sb) und 84 (Po) sind jeweils die letzten Halbmetalle innerhalb einer Periode. Danach folgen die Nichtmetalle.

> Metalle → Übergangsmetalle → Halbmetalle → Nichtmetalle → Edelgase

Alle Metalle zeigen die für diese Stoffklasse typischen Eigenschaften wie **Oberflächenglanz, Verformbarkeit, hohe Dichte** und eine **gute Leitfähigkeit für elektrischen Strom**. Anhand dieser Eigenschaften kann man die Metalle einteilen in **unedle** (zeigen metallischen Glanz nur bei frisch bearbeiteter Oberfläche) und **edle** (behalten ihren Glanz) Metalle. Eine andere Einteilung erfolgt nach ihrer Dichte in **Leicht- und Schwermetalle** (Grenze: 5 g/cm³). Metalle zeigen eine **schwache Elektronegativität** und eine **geringe Ionisierungsenergie**. Daher neigen sie zu der Bildung von Kationen. Diese positiven Ionen lagern sich zu **Metallgittern** zusammen, ohne dass negative Ionen hinzukommen. Im Gitter sind die positiv geladenen Metallionen dicht aneinandergepackt in sich wiederholenden, geordneten Strukturen. Die abgegebenen Valenzelektronen sind hingegen innerhalb dieses Gitters frei beweglich und damit nicht mehr an ein bestimmtes Atom gebunden (delokalisiert). Sie werden als **Elektronengas** bezeichnet (Abb. 2). Mithilfe des frei beweglichen Elektronengases kann die gute elektrische Leitfähigkeit erklärt werden.

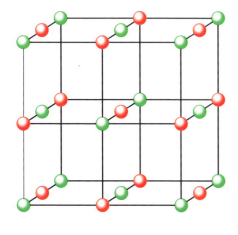

○ positiv geladene Ionen
○ negativ geladene Ionen

Abb. 1: Ionengitter. [1]

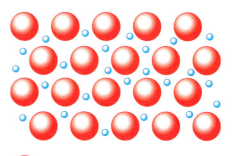

○ positiv geladene Metall-Ionen
○ frei bewegliche, negativ geladene Elektronen

Abb. 2: Aufbau des Metallgitters. [1]

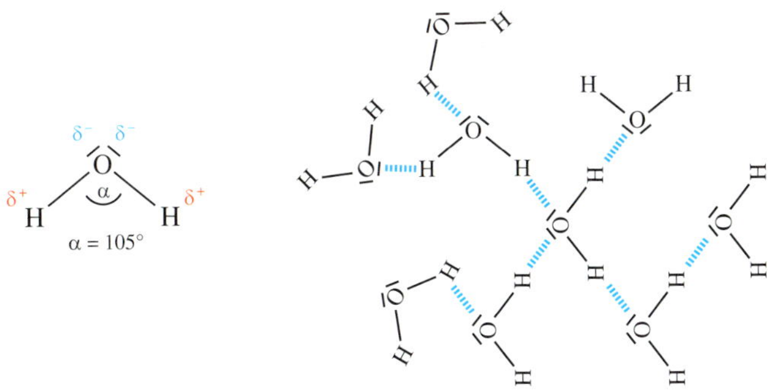

Abb. 3: Wasser und Wasserstoffbrücken (durch ⦙⦙⦙⦙⦙ gekennzeichnet). [2]

Beim Anlegen einer Spannung gleiten die Elektronen vom Minus- zum Pluspol. Das Metall leitet. Das Gitter hingegen erklärt die Verformbarkeit. Setzt man das Metall einem Druck aus, so gleiten die Schichten der positiven Metallionen aneinander vorbei, und das Elektronengas wirkt als eine Art Schmierschicht zwischen diesen.

Wasser und Wasserstoffbrückenbindungen

Das Molekül „Wasser" besteht aus **Sauerstoff-** und **Wasserstoffatomen.** Auch hier sind die einzelnen Bestandteile der Verbindung bestrebt, die Edelgaskonfiguration zu erreichen. Sauerstoff benötigt folglich 2 Elektronen. Wasserstoff verfügt aber nur über ein einzelnes Elektron, das es abgeben kann. Daher sind 2 Atome Wasserstoff nötig, um den Bedarf des Sauerstoffs an Elektronen zu decken. Daraus ergibt sich für Wassermolekül die **Summenformel H_2O = Wasser(-stoffoxid).** Die Verbindungen, die das Wassermolekül zusammenhalten, sind Atombindungen. Sauerstoff und Wasserstoff teilen sich die Elektronen (s. Atombindung, S. 16/17). Sauerstoff besitzt die größere **Elektronegativität,** es zieht die Elektronen aus dem gemeinsamen Elektronenpaar zu sich heran und wird negativer. Wasserstoff hingegen wird positiver. Diesen Sachverhalt drückt man durch ein kleines $\delta+$ und $\delta-$ an den Elementsymbolen aus. Die Atome werden als **polarisiert** anstatt ionisiert bezeichnet. Das entstandene gewinkelte Molekül bezeichnet man als **Dipol (polares Molekül)** (Abb. 3).

Da Wasser aus mehr als einem Molekül besteht, wirken zwischen den einzelnen Molekülen mit Dipolcharakter Anziehungskräfte, sogenannte **Dipol-Dipol-Wechselwirkungen.** Dabei ziehen sich die negativ polarisierten Sauerstoffatome und die positiv polarisierten Wasserstoffatome der einzelnen Moleküle gegenseitig an. Zwischen ihnen kommt es zur Ausbildung von **Wasserstoffbrücken** durch die sogenannte **Wasserstoffbrückenbindung** (Abb. 3). Diese Verbindungen zwischen den Wassermolekülen sind für den vergleichsweise **hohen Siedepunkt** verantwortlich: Man benötigt eine hohe Energie, die beim Sieden durch die zugeführte Temperatur aufgebracht wird, um die Wasserstoffbrücken zu zerstören und die einzelnen Wassermoleküle voneinander zu trennen.

Auch andere Moleküle können Wasserstoffbrücken ausbilden. Sie entstehen immer dann, wenn Wasserstoff an stark elektronegative Atome gebunden wird und dem Wasserstoff damit das Elektron entzogen wird. Zurück bleibt ein Proton als positive „Stelle" am Molekül. An diese lagern sich freie Elektronenpaare stark elektronegativer Atome an.

Die Wasserstoffbrücken (polare Verbindungen) sind auch die Ursache dafür, dass sich **Gleiches nur in Gleichem löst,** das heißt, ein polarer Stoff löst sich nur in polarem Lösungsmittel und Unpolares löst sich in Unpolarem.

Van-der-Waals-Kräfte

Wasserstoffbrücken entstehen dort, wo permanente Dipole vorhanden sind. Van-der-Waals-Bindungen (VdWB) hingegen dort, wo kurzzeitig Dipole auftreten. **Temporäre Dipole** bilden sich, wenn kurzfristig asymmetrische Ladungsverteilungen durch Elektronenbewegungen auftreten. Sie sind umso wahrscheinlicher, je größer ein Molekül ist. VdWB sind die **schwächste Art von Bindung** und spielen nur in unpolaren Molekülen eine Rolle, da hier stärkere Wechselwirkungen fehlen. Ein typisches Beispiel sind die langkettigen Fettsäuren (s. Kap. Fette, S. 68).

Zusammenfassung

✖ Eine **Ionenbindung** besteht zwischen den geladenen Teilchen **Kation** und **Anion**, dabei entstehen **Salze**. Sie sind nach außen hin **neutral**, bilden **Kristalle** und zeichnen sich durch einen **hohen Schmelzpunkt** aus. Ihre strukturgebende Einheit ist das **Ionengitter**, das durch **Coulomb-Kräfte** zusammengehalten wird.

✖ **Metalle** werden durch das **Metallgitter** aufgebaut, das aus positiven Kationen und frei beweglichen Elektronen – **Elektronengas** – besteht. Anionen kommen nicht vor.

✖ Enthalten Moleküle **polarisierte Gruppen**, so entstehen dort **Dipole**, zwischen denen sich **Wasserstoffbrücken** ausbilden.

✖ **Van-der-Waals-Bindungen** sind die **schwächste Bindungsart** und ergeben sich, wenn **temporäre Dipole** vorhanden sind. Sie spielen nur in unpolaren Molekülen eine Rolle.

Bindungstypen II

Atombindung

Einfachbindung

Bereits in den vorigen Kapiteln wurde die **Atombindung** immer wieder erwähnt. Sie ergibt sich, wenn die **Elektronegativitätsdifferenz zweier Atome kleiner als 1,9 ist**. Die an einer Verbindung beteiligten Atome geben demnach weder gerne ihre Elektronen ab, noch nehmen sie neue gerne auf, wie dies in einer Ionenbindung der Fall wäre. Stattdessen steuert jedes Atom ein einzelnes Elektron (**= ungepaartes Elektron**) zu einer gemeinsamen Bindung (**= gepaarte Elektronen**), der sog. **Elektronenpaarbindung**, bei. Sie wird auch als **kovalente Bindung** bezeichnet. Die Atome teilen sich die Elektronen zu gleichen Teilen.
Die Oktettregel wird dabei berücksichtigt, d. h., die Atome der Verbindung streben 8 Valenzelektronen auf ihrer äußeren Schale an:

▶ *Beispiel 1:* Fluor fehlt ein Elektron auf seiner äußersten Schale, deshalb lagert es sich im elementaren Zustand mit einem weiteren Fluoratom zusammen. Jedes stellt sein einzelnes Elektron der gemeinsamen Bindung zur Verfügung, so dass es von beiden Atomen gleichermaßen „genutzt" werden kann. Somit hat jedes Atom 8 Elektronen und damit die Edelgaskonfiguration (■ Abb. 4a).
▶ *Beispiel 2:* Sauerstoff verfügt über 6 Valenzelektronen. Durch die Verbindung mit 2 H-Atomen zu Wasser gewinnt es zweimal ein Elektron hinzu. Es erreicht somit die Edelgaskonfiguration von Neon (8 p-Elektronen), und Wasser erreicht die von Helium (2 s-Elektronen) (■ Abb. 4b).

Neben den **bindenden Elektronenpaaren** (rot) verfügt Fluor noch über drei weitere Elektronenpaare, Sauerstoff über zwei. Sie werden als **freie Elektronenpaare** bezeichnet. In der Strukturformel werden jeweils 2 Valenzelektronen durch Striche ausgedrückt, einzelne Elektronen als Punkte.

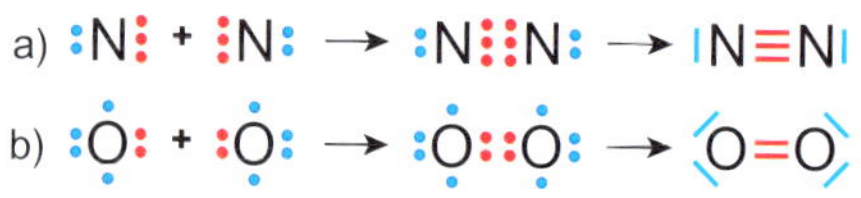

Molekülorbital

Mithilfe des Orbitalmodells kann man sich eine Bindung räumlich vorstellen. Hier lässt sich die entstandene Elektronenpaarbindung durch die Überlagerung der Orbitale darstellen. Nehmen wir als Beispiel H_2: Verbinden sich die 2 H-Atome miteinander zu H_2, so überlagern sich zwei s-Orbitale. Es entsteht ein **ss-Molekülorbital**. Nimmt man das Beispiel Fluor, so überlagern sich dort zwei p-Orbitale (äußerste Schale) zu einem pp-Molekülorbital. Bei Wasser lagern sich ein s-Orbital vom H-Atom und ein p-Orbital vom O-Atom zu einem sp-Molekülorbital zusammen. Die dabei entstehende **Einfachbindung** wird als **σ-Bindung** bezeichnet. Sie ist **rotationssymmetrisch**. Klar wird dies, wenn man sich die Atome als Kugel vorstellt, die durch ein Stäbchen verbunden sind. Am Ende des Stäbchens können sich die Kugeln frei drehen.

> **Einfachbindungen** werden als **σ-Bindung** bezeichnet und entstehen durch die Überlappung von einfach besetzten Orbitalen zu **Molekülorbitalen**. Dabei können sich **ss-, pp- und sp-Molekülorbitale** ausbilden, die auf einer Verbindungsachse zwischen den Atomen liegen. Sie sind **rotationssymmetrisch**.

Mehrfachbindungen

Neben der Einfachbindung gibt es auch **Mehrfachbindungen**. Betrachten wir noch einmal Sauerstoff (O). Hier fehlen 2 Elektronen zur Edelgaskonfiguration (2s- und 4p-Elektronen [ein voll besetztes p-Orbital und zwei halb besetzte p-Orbitale]). Verbinden sich 2 O-Atome zum O_2 miteinander, so müssen sich zwei Elektronenpaarbindungen zwischen den zwei halb besetzten p-Orbitalen ausbilden. Es entsteht eine **Doppelbindung**. Stickstoff fehlen sogar 3 Elektronen zur Edelgaskonfiguration, folglich müssen sich im N_2 drei Elektronenpaarbindungen ausbilden: Es kommt zu einer **Dreifachbindung** (■ Abb. 5). Dadurch, dass die Elektronen der Bindung wieder gemeinsam genutzt werden, erreicht jedes Atom 8 Valenzelektronen auf der äußersten Schale.
Die Anzahl der Bindungen heißt **Bindungsgrad**:

▶ **Bindungsgrad I:** Einfachbindung: z. B. Fluor, Chlor, Wasserstoff
▶ **Bindungsgrad II:** Doppelbindung: z. B. Sauerstoff
▶ **Bindungsgrad III:** Dreifachbindung: z. B. Stickstoff

Je höher der Bindungsgrad und damit die Anzahl überlappender Orbitale, desto stabiler ist die Atombindung. Vierfachbindungen kommen hingegen nicht vor. Sie wären instabil, da sich vier Orbitale aus geometrischen Gründen nicht überlappen können.
Alle Mehrfachbindungen werden als **π-Bindung** bezeichnet. Sie liegen parallel zu der σ-Bindung. Dadurch können sich die Atome nicht mehr frei drehen. Die π-Bindung ist daher nicht rotationssymmetrisch (■ Abb. 6). Eine Doppelbindung besteht demnach aus einer σ-Bindung und einer π-Bindung. Die Dreifachbindung aus einer σ-Bindung und zwei π-Bindungen.

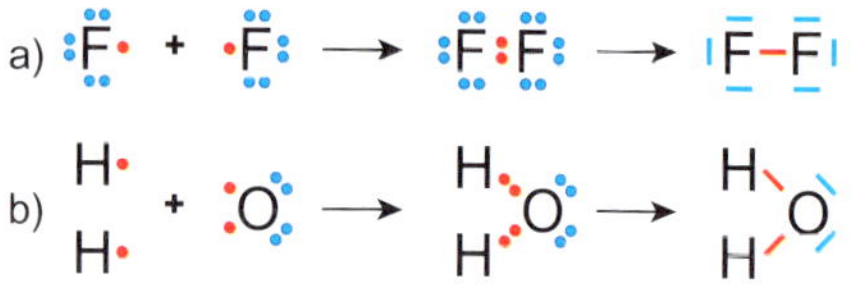

■ Abb. 5: Beispiele für Mehrfachbindungen: a) Stickstoff, b) Sauerstoff. [1]

■ Abb. 4: Fluor (a) und Wasser (b) als Beispiele für die Atombindung. [1]

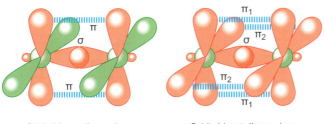

Orbitaldarstellung eines Sauerstoffmoleküls

Orbitaldarstellung eines Stickstoffmoleküls

Abb. 6: Überlappungen der Orbitale in Mehrfachbindungen. [1]

Mehrfachbindungen entstehen durch die Überlagerung mehrerer einfach besetzter p-Orbitale. Die dabei entstehende Bindung wird als π-Bindung bezeichnet. Dabei wird unterschieden zwischen:
▶ **Doppelbindung:** 1 × σ-Bindung und 1 × π-Bindung
▶ **Dreifachbindung:** 1 × σ-Bindung und 2 × π-Bindung
Sie sind nicht rotationssymmetrisch.

Bindungsenergie und Bindungslänge

Bei der Entstehung von Atombindungen wird Energie frei. Das heißt, dass das entstandene Molekülorbital (also die Bindung) energetisch niedriger sein muss, als die beiden einzelnen Orbitale. Diese Energie wird daher auch als **Bindungsenergie** (= **Bindungsenthalpie,** s. Energetik, S. 24/25) bezeichnet. Will man die Atombindung wieder lösen und das Molekül in seine Bestandteile zerlegen, so muss dieser Energiebetrag erneut aufgebracht werden.

Neben dem energetisch niedriger liegenden **bindenden Molekülorbital** gibt es noch ein weiteres Molekülorbital. Es liegt energetisch höher und wird nicht mit Elektronen besetzt (**antibindendes Molekülorbital**). Es entstehen also aus zwei einfach besetzten Orbitalen zwei Molekülorbitale, von denen eins mit 2 Elektronen besetzt wird und das andere leer bleibt (Abb. 7).

Die **Bindungslänge** ist der lineare Abstand zweier kovalent (Atombindung) gebundener Atome zueinander. Dabei gilt, dass Mehrfachbindungen eine kürzere Bindungslänge als Einfachbindungen haben.

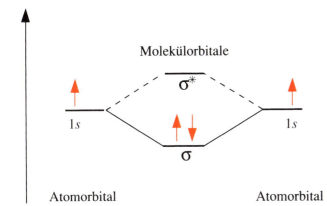

Abb. 7: Energiediagramm für die Bildung einer Atombindung beim Übergang von 1s-Atomorbitalen in die σ- und σ*-Molekülorbitale (H_2-Molekül). [2]

Zusammenfassung

✖ **Einfachbindungen** werden als σ-**Bindung** bezeichnet und entstehen durch die Überlappung von einfach besetzten Orbitalen zu **Molekülorbitalen**. Dabei können sich **ss-, pp-** und **sp-Molekülorbitale** ausbilden, die auf einer Verbindungsachse zwischen den Atomen liegen. Sie sind **rotationssymmetrisch.**

✖ **Mehrfachbindungen** entstehen durch die Überlagerung mehrerer einfach besetzter p-Orbitale. Die dabei entstehende Bindung wird π-Bindung bezeichnet. Sie ist nicht rotationssymmetrisch.

✖ Unter der **Bindungsenergie** versteht man die bei der Bildung von Molekülorbitalen frei werdende Energie. Sie entspricht dem Energiebetrag des energetisch niedrigeren **bindenden Molekülorbitals,** welches das Elektronenpaar enthält. Das **antibindende Molekülorbital** ist energetisch höher und wird nicht besetzt.

✖ Die **Bindungslänge** entspricht dem linearen Abstand zweier kovalent (Atombindung) gebundener Atome zueinander.

Bindungstypen III

Atombindungen des Kohlenstoffs

Kohlenstoffatom und sp³-Hybridisierung

Kohlenstoff (C) hat die Elektronenkonfiguration $1s^2\,2s^2\,2p^2$ und damit zwei halb besetzte p-Orbitale (Abb. 8a). Folglich erwarten wir, dass Kohlenstoff zwei Elektronenpaarbindungen ausbildet. Wäre dies so, hätte Kohlenstoff am Ende nur 6 Elektronen auf seiner äußersten Schale und somit keine Edelgaskonfiguration erreicht. Nur wenn es vier Elektronenpaarbindungen eingeht, gewinnt das Kohlenstoffatom 4 Elektronen hinzu. Mit diesen erreicht es die 8 Valenzelektronen. Der Kohlenstoff ist somit vierbindig, wobei alle vier Bindungen gleichwertig sind (Abb. 9).

Ein Grund für die Vierbindigkeit ist eine **Spin-Trennung:** Das Kohlenstoffatom wird angeregt, und es liegen nicht mehr ein doppelt besetztes s-Orbital und zwei einfach besetzte p-Orbitale vor, sondern 1 Elektron aus dem doppelt besetzten s-Orbital wird in das dritte, noch leere p-Orbital angehoben. So entstehen vier einfach besetzte Orbitale: $2s^1$ und $2p^3$ (Abb. 8b). Für diesen Wechsel des Energieniveaus ist eine Anregungsenergie nötig.

Nur mithilfe der Spin-Trennung lässt sich nicht erklären, warum alle vier Bindungen gleichwertig sind. Dies kommt erst durch eine **Hybridisierung** zustande: Unter einer Hybridisierung versteht man das „Gleichmachen" von dem einen s- und den drei p-Orbitalen. (Abb. 8c). Das nun entstandene „Kreuzungsorbital" wird als **sp³-Hybrid** bezeichnet. Für diesen Vorgang ist ebenfalls Energie nötig.

Ein sp³-Hybrid hat die räumliche Struktur eines **Tetraeders,** da in einem Molekül die Orbitale immer den größten möglichen Abstand zueinander einnehmen. Der **Bindungswinkel** zwischen den Orbitalen beträgt **109,5°** (Abb. 9).

Das einfachste Molekül von Kohlenstoff ist das **Methan**. Es verfügt über vier Einfachbindungen zu Wasserstoff. In diesen überlagern sich das sp³-Hybridorbital des Kohlenstoffs und das s-Orbital vom Wasserstoff zu einer σ-Bindung (Abb. 9). Kohlenstoff kann aber auch statt mit Wasserstoff mit weiteren Kohlenstoffatomen verbunden sein. Hierbei überlappen sich dann zwei sp³-Hybridorbitale zu einer σ-Bindung. Einfachstes Beispiel ist das **Ethan.**

sp²-Hybridisierung

Kohlenstoff kann nicht nur Einfachbindungen ausbilden, sondern auch **Doppelbindungen**. Das einfachste Beispiel ist **Ethen (-en = Doppelbindung).** Diese Bindung lässt sich nicht mittels einer sp³-Hybridisierung erklären. Hier werden nur zwei p-Orbitale mit einem s-Orbital hybridisiert. Das dritte p-Orbital bleibt unverändert. Die entstandenen drei Hybridorbitale werden als **sp²-Hybride** bezeichnet (Abb. 10).

Die Molekülorbitale liegen in einer Ebene **(trigonal)** und haben einen Bindungswinkel von **120°**. Senkrecht zu dieser Ebene steht an jedem C-Atom das

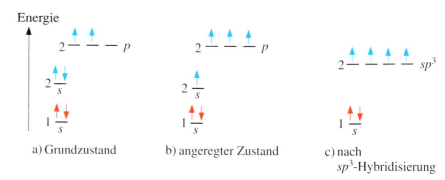

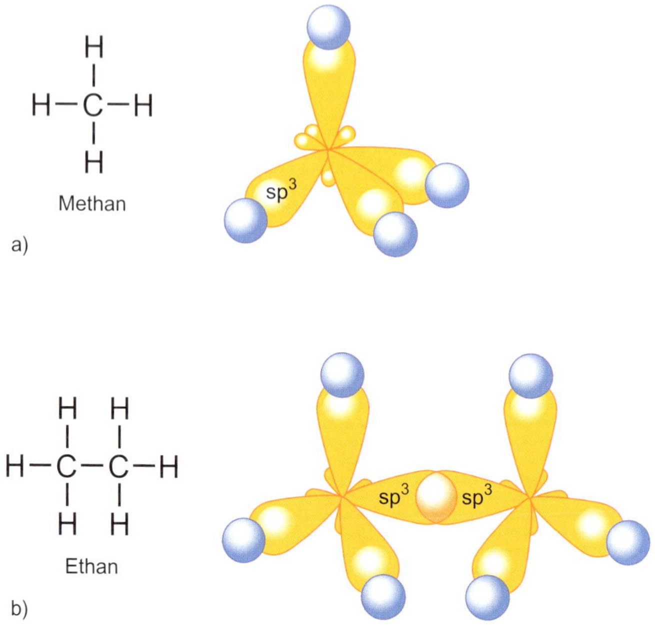

Abb. 8: a) Elektronenkonfiguration des Kohlenstoffs, b) Spin-Trennung, c) Hybridisierung. [2]

Abb. 9: a) Methan, b) Ethan. [1]

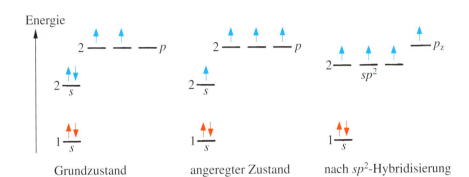

Abb. 10: Orbitalschema des C-Atoms vor und nach der sp²-Hybridisierung. [2]

verbleibende, nicht hybridisierte p-Orbital. Somit besteht die Doppelbindung aus einer σ-Bindung zwischen den beiden sp²-Hybridorbitalen und einer π-Bindung zwischen den zwei p-Orbitalen.
Die zwei verbleibenden sp²-Hybride des Kohlenstoffs gehen ebenfalls eine σ-Bindung mit dem s-Orbital vom Wasserstoff ein (Abb. 11).

sp-Hybridisierung

Auch **Dreifachbindungen** können zwischen zwei Kohlenstoffatomen vorkommen. Das einfachste Molekül ist das **Ethin (-in = Dreifachbindung)**. Hier erfolgt die Hybridisierung zwischen einem s-Orbital und einem p-Orbital. Es entstehen somit zwei **sp-Hybridorbitale,** und zwei p-Orbitale verbleiben in ihrem ursprünglichen Zustand.
Die sp-Hybridorbitale liegen auf einer Achse **(linear)** und haben einen Bindungswinkel von **180°**.
Die verbliebenen p-Orbitale stehen senkrecht auf der Geraden und bilden einen Winkel von 90° untereinander (Abb. 12).
Ethin hat eine σ-Bindung und zwei π-Bindungen.

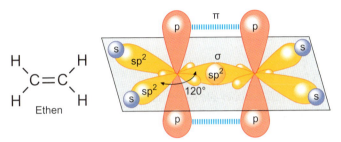

Abb. 11: Ethen. [1]

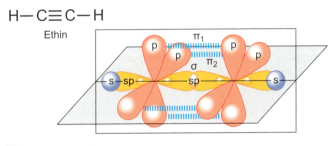

Abb. 12: Ethin. [1]

Zusammenfassung

- Unter einer **Hybridisierung** wird die Entstehung von „Kreuzungsorbitalen" verstanden.
- Methan: Durch eine **sp³-Hybridisierung** entstehen aus einem s- und drei p-Orbitalen vier neue **sp³-Hybridorbitale**. Sie haben die räumliche Struktur eines **Tetraeders** mit einem Bindungswinkel von **109,5°**.
- Ethan: Durch eine **sp²-Hybridisierung** entstehen aus einem s- und zwei p-Orbitalen drei neue **sp²-Hybridorbitale**. Sie haben eine **planare, trigonale** Struktur mit einem Bindungswinkel von **120°**. Senkrecht dazu steht das verleibende p-Orbital.
- Ethin: Durch eine **sp-Hybridisierung** entstehen aus einem s- und einem p-Orbital zwei neue **sp-Hybridorbitale**. Sie haben eine **lineare** Struktur mit einem Bindungswinkel von **180°**. Senkrecht dazu stehen die zwei verbleibenden p-Orbitale.

Chemische Reaktionen

Heute sind über hundert Elemente bekannt. Aus diesen Elementen sind schätzungsweise vier bis fünf Millionen Verbindungen aufgebaut. Diese **Verbindungen** bezeichnet man – wie auch die **Elemente** – als **Reinstoffe**. Im Gegensatz zu den Elementen lassen sich die Verbindungen wieder in ihre Bestandteile zerlegen. Sie bestehen somit aus wenigstens zwei verschiedenen Elementen. Reinstoffe zeichnen sich durch klar definierte physikalische Eigenschaften aus: z. B. Schmelztemperatur, Dichte, Löslichkeit, etc.

> Chemische Reaktionen sind **Stoffumwandlungen.** Dabei entstehen aus Elementen Verbindungen. Sie werden ebenfalls als Reinstoffe mit charakteristischen Eigenschaften bezeichnet.

Grundtypen von Reaktionen

In der Natur kommen die meisten Elemente nicht in ihrer atomaren Reinform, sondern als Verbindungen vor, z. B. O_2. Wenn sich diese einzelnen Elemente zu Molekülen zusammenschließen, ändern sich ihre chemischen und physikalischen Eigenschaften. Dieser Prozess wird als chemische Reaktion bezeichnet und beschreibt die stattfindende Stoffumwandlung. In der anorganischen Chemie werden **vier Grundtypen** von chemischen Reaktionen unterschieden:

▶ **Fällungsreaktionen:** Kochsalz (NaCl) lässt sich gut in Wasser lösen. Dabei zerfällt es in ein Anion (Cl^-) und ein Kation (Na^+). Gibt man Silbernitrat ($AgNO_3$) hinzu, so fällt Silberchorid aus. Dieses kennzeichnet man, indem neben die Formel ein Pfeil nach unten geschrieben wird:
$Na^+ + Cl^- + AgNO_3 \leftrightarrows AgCl\downarrow + Na^+ + NO_3^-$
Ursache hierfür ist die Überschreitung der Löslichkeit. Was genau dabei geschieht, wird im Kapitel Salzlösungen (S. 34/35) besprochen.

▶ **Säure-Base-Reaktionen:** In diesem Reaktionstyp werden zumeist Protonen = Wasserstoff-Kationen (H^+) zwischen Molekülen ausgetauscht. Ein klassisches Beispiel ist die Salzsäure:
$HCl + H_2O \rightarrow H_3O^+ + Cl^-$ (Säure A + Base B $\rightarrow$ Säure B + Base A)
Ausführlich wird dieser Reaktionstyp in den Kapiteln Säuren und Basen I und II (S. 36 – 39) besprochen.

▶ **Redoxreaktionen:** Hier kommt es zu Elektronenübertragungen. Beispielsweise rostet elementares Eisen (Fe) durch den Sauerstoff (O_2) der Luft, und es entsteht rotes Eisenoxid Fe_2O_3. Hier wird das Eisen oxidiert und der Sauerstoff reduziert:
$4\,Fe + 3\,O_2 \rightarrow 2\,Fe_2O_3$
Diesem Reaktionstyp widmen sich die Kapitel Oxidation und Reduktion I und II (S. 40 – 43).

▶ **Komplexreaktionen:** Komplexe bestehen aus einem Zentralteilchen und den umgebenden Liganden. Der bekannteste Komplex des menschlichen Körpers ist das Hämoglobin (▐ Abb. 1), in dem Eisen das Zentralteilchen und das Häm der Ligand ist. Hierzu findet sich mehr im Kapitel Komplexchemie (S. 44/45).

▐ Abb. 1: Hämoglobin. [2]

Chemische Gleichungen

Die Entstehung von Verbindungen durch eine chemische Reaktion wird durch die **Reaktionsgleichung** beschrieben. Sie beschreibt qualitativ und quantitativ die Wechselwirkung zwischen den beteiligten Stoffen. Links in der Reaktionsgleichung stehen dabei immer die **Ausgangsstoffe (= Edukte)** und rechts die **gebildeten Stoffe (= Produkte)**. Dazwischen steht ein Pfeil, der die Reaktionsrichtung angibt. Prinzipiell können Reaktionen in beide Richtungen ablaufen, wobei eine Richtung jedoch meist bevorzugt wird. Man kennzeichnet dies durch einen Doppelpfeil. Ist eine Reaktion irreversibel (nicht umkehrbar), so wird ein einseitiger Pfeil genommen.
Was die Richtung und auch die Reaktionsgeschwindigkeit beeinflusst, wird in den Kapiteln Energetik (S. 28/29) und Reaktionskinetik (S. 24 – 27) näher erläutert.

Edukt + Edukt $\leftrightarrows$ Produkt + Produkt

Beispiel: Natrium und Chlor reagieren zu Natriumchlorid. Chlor kommt in elementarer Form als Cl_2 vor. Dies wird in der Gleichung berücksichtigt.
Jedes Chloratom möchte gerne 1 Elektron vom Natrium aufnehmen. Natrium hat aber nur ein Valenzelektron. Somit werden für diese Reaktion 2 Natriumatome benötigt:

2 Na + Cl_2 → 2 NaCl
2 Natriumatome + 1 Chlormolekül reagieren zu 2 Molekülen Natriumchlorid

Bei jeder chemischen Reaktion gelten die zwei folgenden Gesetze:

▶ Bei einer chemischen Reaktion wird weder Masse verloren noch hinzugewonnen **(Gesetz vom Erhalt der Masse)**. Betrachtet man die Beispielgleichung, so ist auf beiden Seiten die gleiche Anzahl an Atomen einer Art vorhanden. Die Summe der Massen ist also auf beiden Seiten gleich. Links und rechts stehen jeweils zwei Chlor- und Natriumatome.

▶ Kommt es zu einer chemischen Verbindung von Elementen untereinander, so stehen die daran beteiligten Atome im Verhältnis kleiner ganzer Zahlen (1, 2, 3 …) zueinander **(Gesetz der multiplen Proportionen).** Hier stehen Natrium und Chlor in einem Verhältnis von 1 : 1. Im Wassermolekül (H_2O) wäre das Verhältnis von Wasserstoff und Sauerstoff 2 : 1.

Beispiel: Die Verbrennung von Ethanol (C_2H_5OH) mit Sauerstoff zu Kohlendioxid und Wasserdampf.

Verbrennung von Ethanol
a) $C_2H_5OH + O_2 \rightarrow CO_2 + H_2O$
b) $C_2H_5OH + O_2 \rightarrow 2\,CO_2 + 3\,H_2O$
c) $C_2H_5OH + 3\,O_2 \rightarrow 2\,CO_2 + 3\,H_2O$
(vollständige Reaktionsgleichung)

Hier ist es schwieriger, die oben angesprochenen Gesetze einzuhalten. Gehen wir schrittweise vor:

▶ a) Zählt man in dieser Formel die Atome auf beiden Seiten, so sind diese für O gleich und für C und H ungleich. Links stehen 2 C-Atome und rechts steht nur eines.
▶ b) Da die Anzahl aber gleich sein muss, muss CO_2 2-fach vorhanden sein. Gleiches gilt auch für die H-Atome: links stehen 6 und rechts nur 2, daher wird vor das H_2O eine 3 gesetzt, denn 3 × H_2 ergibt wieder 6 H-Atome.
▶ c) Durch dieses Ausgleichen von C- und H-Atomen unter b) ist jetzt die Anzahl der O-Atome auf beiden Seiten der Reaktionsgleichung ungleich geworden. Links stehen 3 und rechts 7. Daher muss nun ein weiteres Mal ausgeglichen werden, indem vor das O_2 eine 3 geschrieben wird. So stehen dann auf beiden Seiten 7 O-Atome, und die Reaktionsgleichung ist vollständig ausgeglichen.

In einer Reaktionsgleichung müssen sich aber nicht nur die Massen auf beiden Seiten ausgleichen, sondern auch deren **Ladung.**

$CO_3^{2-} + H_2O \rightarrow HCO_3^- + OH^-$

Das zweifach negativ geladene Carbonat-Anion (CO_3^{2-}) reagiert mit Wasser (H_2O) zu den einfach negativ geladenen Anionen Hydrogencarbonat (HCO_3^-) und Hydroxid (OH^-). Zählt man die Ladungen, so stehen rechts und links jeweils zwei negative Ladungen. Die Summe der einzelnen Atome ist auch hier auf beiden Seiten identisch.

> Stehen auf einer Seite einer Reaktionsgleichung gleich viele positive und negative Ladungen, so heben sich diese zu Null auf.

Beispiel: Reaktion von Zink mit Hydroxidionen (zwei positive Ladungen vom Zink und jeweils eine negative Ladung der beiden Hydroxidionen).

$Zn^{2+} + 2\,OH^- \rightarrow Zn(OH)_2$

Da das Zinkhydroxid ungeladen ist, sind in dieser Reaktionsgleichung die Ladungen auf beiden Seiten Null und somit identisch.

> ▶ In einer Reaktionsgleichung stehen links die Ausgangsstoffe (**Edukte**) und rechts die gebildeten Stoffe (**Produkte**).
> ▶ In einer Verbindung stehen die daran beteiligten Atome im **Verhältnis ganzer Zahlen** zueinander.
> ▶ Auf beiden Seiten der Reaktionsgleichung müssen die **Summen der Massen identisch** sein.
> ▶ Auf beiden Seiten der Reaktionsgleichung müssen die **Summen der Ladungen identisch** sein.

Wie man auf Reaktionsgleichungen kommt und woher bekannt ist, in welcher Richtung sie ablaufen, wird in den Kapitel Stöchiometrie (S. 22/24), Energetik (S. 24–27) und Reaktionskinetik (S. 28/29) besprochen.

Zusammenfassung

✳ Unter einer chemischen Reaktion wird eine **Stoffumwandlung** verstanden. Dabei entstehen aus Elementen oder anderen Verbindungen neue Verbindungen. Sie werden wie die Elemente ebenfalls als Reinstoffe mit charakteristischen Eigenschaften bezeichnet.

✳ Es lassen sich vier Grundtypen von Reaktionen in der anorganischen Chemie unterscheiden: **Fällungsreaktionen, Säure-Base-Reaktionen, Redoxreaktionen** und **Komplexreaktionen.**

✳ In einer **Verbindung** stehen die daran beteiligten **Elemente** immer in einem **Verhältnis kleiner ganzer Zahlen** zueinander.

✳ Chemische Reaktionen können mithilfe der Reaktionsgleichung beschrieben werden. In dieser stehen links die Ausgangsstoffe (**Edukte**) und rechts die daraus entstandenen Stoffe (**Produkte**). Beide sind durch einen Reaktionspfeil, der die Hauptrichtung der Reaktion angibt, verbunden.

✳ In einer **Reaktionsgleichung** müssen sich sowohl die Massen als auch die Ladung auf beiden Seiten der Reaktionsgleichung ausgleichen. Dies wird als **Erhalt der Ladung und Masse** bezeichnet.

Stöchiometrie

Bezeichnung von Massen und Volumina

Das Rechnen in der Chemie wird als stöchiometrische Rechnung bezeichnet. Mit ihrer Hilfe lassen sich **Massen** und **Volumina** von Verbindungen bestimmen. Dafür benötigen wir die folgenden bekannten Begriffe wieder:

▶ **Masse m:** Gewichtsangabe eines Stoffes. Einheit: kg
▶ **Atomare Masse:** u = 1/12 von $^{12}_{6}C$. Einheit: u (1 u = 1,66 × 10^{-24} g).
Beispiel: $^{12}_{6}C$ Kohlenstoff wiegt 12 u, $^{1}_{1}H$ 1 u und $^{16}_{8}O$ 16 u.
▶ **Stoffmenge n:** Beschreibt die Teilchenanzahl von 6,022 × 10^{23} Teilchen. Einheit: Mol.
Beispiel: 1 Mol Kohlenstoff enthält 6,022 × 10^{23} Kohlenstoffatome.
▶ **Molare Masse M:** Relative Molekülmasse eines Stoffes, also wie viel ein Mol eines bestimmten Stoffes wiegt. Einheit: g/mol (m/n).
Beispiel: 1 Mol Kohlenstoff wiegt 12 g, ein Mol O_2 32 g und ein Mol H_2O 18 g.
▶ **Molares Volumen V_m:** Ein Mol eines Gases nimmt unter Normalbedingungen ein Volumen von 22,41 Litern ein. Dabei ist zu beachten, dass 1 m^3 1000 Liter sind.
▶ **Avogadro-Konstante N_A:** 6,022 × 10^{23} Teilchen/mol
▶ **Stöchiometrische Zahl ν:** Sie wird durch tiefstehende arabische Ziffern ausgedrückt und gibt die Anzahl gleicher Atome innerhalb eines Moleküls wieder. *Beispiel:* O_2, CO_2, H_2O.
▶ **Loschmidtsche Zahl n_0:** Anzahl der Moleküle innerhalb eines m^3 des Stoffes: 2,687 × 10^{25} Moleküle/m^3. Sie ergibt sich aus: $n_0 = N_A/V_m$.
▶ **Dichte:** $\rho = m/V$

Konzentrationsangaben

Neben den Bezeichnungen für Massen und Volumina gibt es weitere Angaben, die Aussagen über Konzentrationen liefern. Dabei wird unter Konzentration der Anteil eines Bestandteils an einer Lösung verstanden. Hierzu zählen:

▶ **Volumengehalt/Volumenprozent:** Diese Angabe gibt den Anteil eines Bestandteils an dem Gesamtvolumen einer Lösung wieder. (Volumen Bestandteil A/Gesamtvolumen) × 100.
Beispiel: Im Wein hat das Ethanol einen Anteil von ca. 10% am Gesamtvolumen. Damit sind in einer Flasche mit 750 ml Wein 75 ml Ethanol enthalten.
▶ **Massengehalt/Gewichtsprozent:** Der Massengehalt berechnet sich analog zu den Volumenprozent, nur wird Volumen durch die Masse ersetzt: (Masse Bestandteil A/Gesamtmasse) × 100.
Beispiel: Eine 10%ige KOH-Lösung bedeutet, dass 10 g KOH in 100 g der Lösung enthalten sind.
▶ **Molarität c:** Sie ist die Stoffmengenkonzentration, die angibt, wie viel Mol eines Stoffes A in einem Liter Lösung enthalten sind. Sie wird folglich als mol/L (n/V) angegeben.
▶ **Molalität:** Sie ist die Stoffmengenkonzentration, die angibt, wie viel Mol eines Stoffes A in einem Kilogramm Lösung enthalten sind. Sie wird folglich als mol/kg (n/m) angegeben.
▶ **Massenkonzentration:** in kg/l.

Beispielrechnungen

Wie viel mol sind in 5 g Wasser enthalten (a), und wie viele Teilchen sind darin enthalten (b)?

a) **Gefragt:** $n(H_2O)$. **Gegeben:** aus dem Periodensystem: 1 M (H_2O) = 18 g/mol; m (H_2O) = 5 g.
Formel: n = m/M.
Berechnung:
$$n(H_2O) = \frac{5\ g}{18\ g/mol} = 0{,}277\ mol$$
Lösung: 5 g Wasser enthalten 0,277 mol Wassermoleküle.

b) **Gefragt:** Teilchenanzahl. **Gegeben:** n (H_2O) = 0,277 mol, Avogadro-Konstante: 6,022 × 10^{23} Teilchen/mol.
Formel: Dreisatz.
Berechnung: Teilchenanzahl
$$= \frac{0{,}277\ mol \times 6{,}022 \times 10^{23}\ Teilchen}{1\ mol}$$
= 1,67 × 10^{23} Teilchen.
Lösung: 5 g Wasser enthalten 1,67 × 10^{23} Teilchen.

Wie viel Gramm KCl sind in einem Liter einer 0,5 molaren KCl-Lösung enthalten?
Gefragt: m(KCl). **Gegeben:** aus dem Periodensystem: M(KCl) = 74,5 g/mol, n(KCl) = 0,5 mol.
Formel: n = m/M → m = n × M
Berechnung: m(KCl) = 0,5 mol × 74,5 g/mol = 37,25 g
Lösung: In einem Liter einer 0,5 molaren KCl-Lösung sind 37,25 g KCl enthalten.

Wie viel mol sind 50 ml Alkohol (Ethanol)?
Gefragt: $n(C_2H_6O)$. $m(C_2H_6O)$ ist auch unbekannt (keine Grammangabe).
Gegeben: $V(C_2H_6O)$ = 50 ml, aus dem Periodensystem: $M(C_2H_6O)$ = 46 g/mol; aus Dichtetabelle $\rho(C_2H_6O)$ = 0,79 g/ml.
Formel: Umrechnung in Gewicht mithilfe der Dichte: m (C_2H_6O) = $V(C_2H_6O) \times \rho$; n = m/M.
Berechnung: m (C_2H_6O) = 50 ml × 0,79 g/ml = 39,5 g
$$n(C_2H_6O) = \frac{39{,}5\ g}{46\ g/mol} = 0{,}86\ mol$$
Lösung: In 50 ml Alkohol sind 0,86 mol enthalten.

KOH + HCl reagieren zu KCl und H_2O. Wie viel Gramm KOH sind nötig, um 5 g Kaliumchlorid KCl herzustellen?

Gefragt: M(KOH). **Gegeben:** Die Stoffmengen n von KOH und KCl entsprechen einander, da aus 1 mol KOH 1 mol KCl wird. n(KOH) = n(KCl).
(KOH + HCl ⇌ KCl + H_2O).
Formel: n = m/M. Da die Stoffmengen gleich sind, ersetzten wir das jeweilige n durch m/M dann erhalten wir:
m(KOH)/M(KOH) = m(KCl)/M(KCl)
Berechnung: m(KOH)
= m(KCl)/M(KCl) × M(KOH)
$$= \frac{5\ g}{74{,}5\ g/mol} \times 56\ g/mol = 3{,}76\ g$$
Lösung: Zur Herstellung von 5 g KCL werden 3,76 g KOH benötigt.

Wie viel Liter Sauerstoff sind zur Herstellung von 2 ml Wasser nötig?

Anders formuliert: Wie viel Gramm Sauerstoff sind nötig zur Herstellung von 2 g Wasser (Wasser hat eine Dichte von 1 g/ml).

1. Teil:
Gefragt: $m(O_2)$. **Gegeben:** $O_2 + 2\,H_2 \leftrightarrows 2\,H_2O$.
Formel: $n = m/M$. In der Reaktionsgleichung entsprechen sich $n(O_2)$ und $n(H_2O)$ nicht, da aus 1 mol Sauerstoff 2 mol Wasser entstehen. Folglich gilt: $n(O_2) = 2 \times n(H_2O)$. Ersetzt man n durch m/M, ergibt dies:
$m(O_2)/M(O_2) = 2 \times m(H_2O)/M(H_2O)$
Berechnung:
$m(O_2) = 2 \times m(H_2O)/M(H_2O) \times M(O_2)$
$= \dfrac{2 \times 2\,g \times 32\,g/mol}{18\,g/mol \times 32\,g/mol} = 7{,}1\,g$

2. Teil
Gefragt: $V(O_2)$ in Liter. **Gegeben:** $m(O_2) = 7{,}1\,g$. Hierzu brauchen wir die Information, dass 1 mol O_2 mit 32 g/mol 22,41 Liter ergeben (s. o. Molares Volumen).
Formel: Dreisatz
Berechnung:
$V(O_2) = \dfrac{7{,}1\,g \times 22{,}41\,l/mol}{32\,g/mol \times 22{,}41\,l/mol} = 4{,}97\,l$
Lösung: Zur Herstellung von 2 ml Wasser sind 4,97 l Sauerstoffgas nötig.

Wie viel Kilogramm Eisen lassen sich aus 500 kg Eisenoxid mit der Summenformel Fe_2O_3 gewinnen?

Gefragt: $m(Fe)$. **Gegeben:** An der Summenformel sieht man, dass sich aus 1 Molekül Eisenoxid 2 Eisenatome gewinnen lassen: $n(Fe)/n(Fe_2O_3) = 2/1$. Daraus folgt, dass $n(Fe)$ doppelt so groß sein muss wie $n(Fe_2O_3) \rightarrow n(Fe) = 2 \times n(Fe_2O_3)$. Aus dem Periodensystem: $M(Fe) = 55{,}9\,g/mol$, $M(Fe_2O_3) = 159{,}7\,g/mol$ $(2 \times 55{,}9 + 3 \times 16)$.
Formel: $n = m/M$. Ersetzen wir n durch m/M, so erhalten wir:
$m(Fe)/M(Fe) = 2 \times m(Fe_2O_3)/M(Fe_2O_3)$
Berechnung: $m(Fe)$
$= 2 \times m(Fe_2O_3)/M(Fe_2O_3) \times M(Fe)$
$= \dfrac{2 \times 500\,000\,g}{159{,}7\,g/mol \times 55{,}9\,g/mol}$
$= 2 \times 175\,016\,g = \sim 350\,kg$
Lösung: Damit lassen sich aus 500 kg Eisenoxid ca. 350 kg Eisen gewinnen.

Bei der Zerlegung von 0,4 g Silbersulfid entstehen 0,348 g Silber. Wie ist die Summenformel des Silbersulfids?

Gefragt: Verhältnis von Silber zu Schwefel = $n(Ag)$ zu $n(S)$. **Gegeben:** $m(Ag) = 0{,}348\,g$, $M(Ag) = 108\,g/mol$, $m(\text{Silbersulfid}) = 0{,}4\,g$, $M(S) = 32\,g/mol$.
Formel: Hier ist die Fragestellung genau umgekehrt im Vergleich zum obigen Beispiel. Wir rechnen also rückwärts. $n = m/M$.
Berechnung: $n(Ag)$ ergibt sich aus
$n = m/M \rightarrow \dfrac{0{,}348\,g}{108\,g/mol}$
$= 0{,}00322\,mol = 3{,}22\,mmol$.
Um $n(S)$ berechnen zu können, brauchen wir erst dessen Masse. Diese ergibt sich aus:
$m(S) = m(\text{Silbersulfid}) - m(Ag)$
$= 0{,}4\,g - 0{,}348\,g = 0{,}052\,g$.
$n(S)$ ist dann:
$n(S) = \dfrac{0{,}052\,g}{32\,g/mol} = 0{,}00163\,mol$
$= 1{,}625\,mmol$.
Jetzt setzen wir die Stoffmengen zueinander ins Verhältnis: $n(Ag)/n(S)$
$= 3{,}22\,mmol/1{,}625\,mmol = 1{,}98/1$
$= \sim 2/1$
Lösung: Daraus ergibt sich für Silbersulfid die Formel Ag_2S.

Bei der Verbrennung von 0,525 g Ethanol entstehen 0,603 g Wasser und 1,022 g Kohlendioxid. Wie lautet die Summenformel von Ethanol?

Gefragt: das Verhältnis der Stoffmengen zueinander. Ethanol besteht aus drei Elementen, dies ergibt sich daraus, dass Wasser (H_2O) und Kohlendioxid (CO_2) entstehen. Gesucht ist also das Verhältnis von Wasserstoff (H), Sauerstoff (O) und Kohlenstoff (C) zueinander. **Gegeben:** $m(\text{Ethanol}) = 0{,}525\,g$, $m(H_2O) = 0{,}603\,g$, $M(H_2O) = 18\,g/mol$, $m(CO_2) = 1{,}022\,g$, $M(CO_2) = 44\,g/mol$, $M(C) = 12\,g/mol$, $M(H) = 1\,g/mol$

Berechnung: $n(CO_2)$
$= m(CO_2)/M(CO_2) = \dfrac{1{,}022\,g}{44\,g/mol}$
$= 23{,}22\,mmol$. Da im Kohlendioxid nur ein C-Atom gebunden ist, entsprechen sich die Stoffmengen von $n(C)$ und $n(CO_2)$: $n(C) = n(CO_2)$.
$n(H_2O) = m(H_2O)/M(H_2O)$
$= \dfrac{0{,}603\,g}{18\,g/mol} = 33{,}5\,mmol$.
Da im Wassermolekül 2 H-Atome vorkommen, gilt hier:
$n(H) = 2 \times n(H_2O) = 2 \times 33{,}5\,mmol$
$= 67\,mmol$.
Um $n(O)$ zu errechnen, brauchen wir erst einmal $m(O)$:
$m(O) = m(\text{Ethanol}) - m(C) - m(H)$.
$m(C)$ ist einfach, da $n(C)$ und $M(C)$ bekannt sind: $m(C) = n(C) \times M(C)$
$= 23{,}22\,mmol \times 12\,g/mol = 0{,}279\,g$.
$m(H) = n(H) \times M(H)$
$= 67\,mmol \times 1\,g/mol = 0{,}067\,g$.
$m(O) = m(\text{Ethanol}) - m(C) - m(H)$
$= 0{,}525\,g - 0{,}279\,g - 0{,}067\,g = 0{,}179\,g$.
$n(O) = m(O)/M(O) = \dfrac{0{,}179\,g}{16\,g/mol}$
$= 11{,}19\,mmol$.
Nun wird die Stoffmenge der beteiligten Elemente zueinander ins Verhältnis gesetzt: $n(C) : n(H) : n(O)$
$= 23{,}22\,mmol : 67\,mmol : 11{,}19\,mmol$
$= 2{,}08 : 5{,}99 : 1$.
Lösung: Hieraus ergibt sich für Ethanol eine Summenformel von C_2H_6O.

Zusammenfassung

Für die stöchiometrischen Berechnungen sind verschiedene Massenangaben wichtig:

✘ die **Masse m** in Kilogramm oder Gramm

✘ die **Stoffmenge n** in mol

✘ die **molare Masse M** in g/mol.

Sie stehen durch die Formel **n = m/M** miteinander in Verbindung.

Energetik I

Erster Hauptsatz der Thermodynamik

So wie bei der chemischen Reaktion die Masse und die Ladung erhalten bleiben, so geht auch Energie nicht verloren. Entweder wird sie im neu entstandenen Produkt gespeichert oder an die Umgebung abgegeben. Dieser Sachverhalt wird durch den ersten Hauptsatz der Thermodynamik ausgedrückt. Dieser lautet:

> Energie kann von einer Form in eine andere umgewandelt werden, jedoch kann sie nicht neu erschaffen oder vernichtet werden.

Wird Energie in einer chemischen Reaktion freigesetzt, so ist dies als **Wärme, Licht** oder in Form von **elektrischer Energie** möglich.

Enthalpie

Am häufigsten erfolgt der Energieumsatz in einer chemischen Reaktion über die Aufnahme oder Abgabe von Wärme. Diese wird daher als **Reaktionswärme** oder als **Enthalpie** bezeichnet.
Sie lässt sich unterteilen in:

▶ Bildungsenthalpie: Sie entsteht, wenn aus Elementen Verbindungen entstehen.
▶ Reaktionsenthalpie: Sie stellt die bei chemischen Reaktionen umgesetzte Energie dar.

Bildungsenthalpie

Unter Bildungsenthalpie versteht man die Energie, die für die Gewinnung eines neuen Stoffes notwendig ist oder frei wird.
Beispiele:
Reagiert Kupfer (fest) mit Sauerstoff (gasförmig) zu Kupferoxid (fest), dann wird hierbei Energie in Form von Wärme und Licht frei:

$$2\ Cu\ (f) + 1\ O_2\ (g) \rightarrow 2\ CuO\ (f) + Energie$$

Im Gegensatz dazu reagiert Stickstoff mit Sauerstoff nur unter ständiger Energiezufuhr zu Stickstoffdioxid:

$$2\ N_2\ (g) + O_2\ (g) + Energie \rightarrow 2\ N_2O\ (g)$$

Setzt eine Reaktion Wärme frei, so wird diese als **exotherme Reaktion** bezeichnet. Die Bildung von Kupferoxid ist demnach exotherm.
Wird hingegen Energie benötigt, wie bei der Bildung von Stickstoffdioxid, so heißt die Reaktion **endotherm**.
Da die Energie bei der Bildung von Verbindungen umgesetzt wird, heißt sie auch **Bildungsenthalpie ΔH**. Sie wird in kJ/mol angegeben und ist sowohl **temperatur-** als auch **druckabhängig**.

Um die Bildungsenthalpie zu berechnen, geht man von **Standardbedingungen** aus. Man versteht darunter, dass die Reaktion in einem Raum mit einer Umgebungstemperatur von **25 °C = 298,16 K** und einem Druck von 1013 hPa abläuft. Untersucht man eine endotherme Reaktion (benötigt Energie, entzieht dem Raum Wärme), so misst man, wie viel Energie dem Raum, in dem die Reaktion abläuft, zugeführt werden muss, um ihn auf 25 °C zu halten.
Bei einer exothermen Reaktion stellt man fest, wie viel Wärme dem Raum entzogen werden muss, um ihn auf 25 °C zu halten. Daher gilt:

> ▶ Exotherme Reaktion = Wärmeabgabe = $\Delta H < 0$
> ▶ Endotherme Reaktion = Wärmeaufnahme = $\Delta H > 0$

Die Angabe, wie viel Energie frei bzw. benötigt wird, ist Tabellen zu entnehmen.
Für die obigen Beispiele wäre es für die Entstehung von Kupferoxid −312 kJ/mol, das heißt bei der Bildung eines Mols werden 312 kJ Energie an die Umgebung abgegeben.
Bei einem Mol Stickstoffdioxid hingegen würden der Umgebung 34 kJ entzogen werden. Die Bildungsenthalpie beträgt hier also + 34 kJ/mol.
Nicht nur bei der Entstehung von Verbindungen kann Energie benötigt werden: Schon für die Bildung eines Atoms aus seinen Elementarteilchen ist Energie notwendig, ebenso für das Zusammenlagern von Elementen z. B. in einem Kristallgitter.
Um es zu vereinfachen, hat man die **Bildungsenthalpie der Elemente bei Standardbedingungen** für den energieärmsten Zustand des Elements auf den Wert $\Delta H = 0$ festgelegt.
Beispiele: Die Bildungsenthalpie von Sauerstoff im gasförmigen Zustand (= energieärmster Zustand) beträgt 0 kJ/mol, die für H_2 und N_2 ebenso. Für Kupfer ist der feste Zustand der energieärmste und hat somit ebenfalls eine Bildungsenthalpie von 0 kJ/mol.
Ändern Elemente ihren Aggregatzustand, den sie „energiearm" bei Standardbedingungen einnehmen, so ist ebenfalls Energie nötig.
So ist beispielsweise Brom unter Standardbedingungen eine Flüssigkeit mit der Bildungsenthalpie 0 kJ/mol. Möchte man Brom jetzt verdampfen, also von flüssig in gasförmig umwandeln, so muss man Energie aufwenden, um die Anziehungskräfte zwischen den Teilchen zu überwinden. Folglich hat gasförmiges Brom eine positive Bildungsenthalpie von 30,92 kJ/mol. Diese Enthalpie kann auch als Verdampfungsenthalpie bezeichnet werden. Analog hierzu gibt es darüber hinaus noch die Schmelzenthalpie, Kondensationsenthalpie, Sublimationsenthalpie und so weiter.

> Die Bildungsenthalpie der Elemente in ihrem energieärmsten Zustand ist definitionsgemäß 0 kJ/mol.

Um die beteiligten Stoffe in einer Reaktionsgleichung genauer zu kennzeichnen und einen Anhaltspunkt für die Bildungsenthalpie zu haben, schreibt man ihren Aggregatzustand in Klammern daneben. Würden in der Reaktion von Stickstoff mit Sauerstoff flüssige Gase verwendet, so müsste erst noch Energie für deren Verflüssigung aufgewendet werden. Sie hätten dann eine positive Bildungsenthalpie.

Reaktionsenthalpie

Die bei einer chemischen Reaktion umgesetzte Energie wird als **Reaktionsenthalpie** bezeichnet. Rechnerisch lässt sie sich ermitteln, indem man die Differenz der Enthalpie der Produkte und Edukte bildet:

$$\Delta H = \Sigma H_{(Produkte)} - \Sigma H_{(Edukte)}$$

Um die Reaktionsenthalpie zu ermitteln, addieren wir die Bildungsenthalpien der Produkte und subtrahieren hiervon die der Edukte. Die Bildungsenthalpien der einzelnen Verbindungen kann der Tabelle im Anhang entnommen werden.
Beispiel: Umwandlung von Eisen(III)-oxid und Kohlenmonoxid in Eisen und Kohlendioxid.

1) $Fe_2O_3 + 3\,CO \rightarrow 2\,Fe + 3\,CO_2$
2) Bildungsenthalpien der Edukte und Produkte aus Tabelle entnommen:
   $-824\,kJ/mol + 3 \times (-110{,}5\,kJ/mol) \rightarrow 2 \times 0\,kJ/mol + 3 \times (-393\,kJ/mol)$
3) $\Delta H = -1179\,kJ/mol - (-1155{,}5\,kJ/mol) = -23{,}5\,kJ/mol$

Bei der Entstehung von elementaren Eisen aus Eisenoxid handelt es sich um eine exotherme Reaktion, da ΔH mit $-23{,}5\,kJ/mol$ negativ ist. Auch hier gilt wie bei der Bildungsenthalpie, dass $\Delta H > 0$ eine endotherme Reaktion und $\Delta H < 0$ eine exotherme Reaktion ist (Abb. 1).
Viele **Reaktionen sind umkehrbar**. Folglich kehrt sich dann auch das Vorzeichen der Reaktionsenthalpie um. So wäre die Bildung von Eisenoxid aus elementarem Eisen eine endotherme Reaktion und würde $+23{,}5\,kJ/mol$ an Energie benötigen.

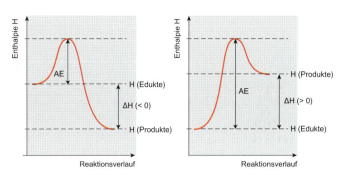

Abb. 1 Enthalpiebilanz einer exothermen (links) und endothermen (rechts) Reaktion. [1]

Zusammenfassung

- Der **Erste Hauptsatz der Thermodynamik** besagt, dass Energie weder verloren noch hinzugewonnen werden kann. Sie wird lediglich von einer Energieform in eine andere umgewandelt.
- Bei den meisten Reaktionen wird Energie in Form von Wärme frei oder aufgenommen. Diese **Reaktionswärme** wird als **Enthalpie** bezeichnet. Sie ist **temperatur- und druckabhängig.**
- Ist sie kleiner als Null, so gilt: **exotherme Reaktion = Wärmeabgabe = $\Delta H < 0$**
- Ist sie größer als Null, so gilt: **endotherme Reaktion = Wärmeaufnahme = $\Delta H > 0$**
- Es lassen sich Bildungsenthalpie und Reaktionsenthalpie unterscheiden.
- Unter der **Bildungsenthalpie** versteht man die Wärme, die bei der **Entstehung von Verbindungen** aus Elementen frei bzw. benötigt wird.
- **Elemente** haben in ihrem energieärmsten Zustand die **Bildungsenthalpie von 0 kJ/mol**. Ändern sie ihren Aggregatzustand, so ändert sich auch ihre Bildungsenthalpie.
- Als **Reaktionsenthalpie** bezeichnet man die Wärme, die bei der Reaktion von Verbindungen und Elementen miteinander entsteht bzw. benötigt wird. Sie errechnet sich aus der Differenz der Enthalpiesumme der Produkte und der Edukte:
  $\Delta H = \Sigma H_{(Produkte)} - \Sigma H_{(Edukte)}$
- Ist eine Reaktion umkehrbar, so kehrt sich auch das Vorzeichen ihrer Enthalpie um.

Energetik II

Geben wir einen Tropfen blauer Farbe in ein mit Wasser gefülltes Glas und lassen es eine Zeit lang stehen, so verteilt sich die blaue Farbe im gesamten Wasser (Abb. 2). Der gleiche Vorgang läuft ab, wenn wir ein Glas heißen Tee in einen Raum mit 20 °C stellen: Der Tee kühlt ab, er gibt Wärme an seine Umgebung ab und die Temperatur des Raumes und des Tees gleichen sich an.
Es entsteht aus einem vorher geordneten Zustand eine Durchmischung oder auch **Unordnung** zwischen beiden Stoffen. Dies wird als **Entropie S** bezeichnet. Die Entropie ist das Maß für Ordnung.

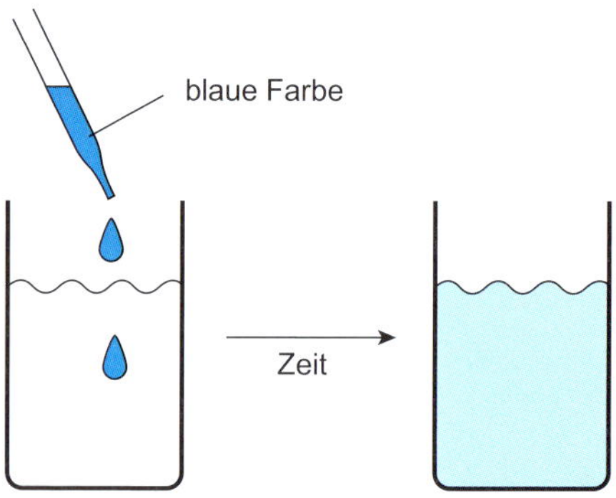

Abb. 2: Durchmischung des Wassers mit einem blauen Tropfen. [1]

Entropie

Entropie von Elementen und Verbindungen
Für die Entropie als Maß der Ordnung gilt:

▶ Ein geringer Entropiewert bedeutet ein hohes Maß an Ordnung.
▶ Ein hoher Entropiewert bedeutet ein hohes Maß an Unordnung.

Der blaue Tropfen im Glas hat eine größere Ordnung und damit eine geringere Entropie als das nachher entstandene blaue Wasser. Auch der heiße Tee hat gegenüber dem abgekühlten Tee eine höhere Ordnung. Chemische Systeme streben immer eine hohe Entropie und damit Unordnung an. Um wieder Ordnung herzustellen muss Energie aufgebracht werden. Um sich dies einfacher merken zu können, braucht man nur an die eigene Wohnung zu denken. Die Wohnung ist immer bestrebt, Unordnung herzustellen. Wollen wir es jedoch zu Hause ordentlich haben, so müssen wir Energie in Form von Aufräumen hineinstecken, um diesen Zustand zu erreichen.

> Je **höher die Ordnung** innerhalb eines Systems, desto **geringer ist die Entropie S**.

Bei den Elementen nimmt man an, dass sie einen Zustand von vollständiger Ordnung am **absoluten Nullpunkt** ($-273{,}16\,°C = 0\,K$) erreichen. Hier kommt die Eigenbewegung der Atome zum Erliegen, und es stellt sich ein vollständig geordnetes Gitter ein.
Daher berechnet man die **Entropie** bei 0 K mit:
$S = 0\,J/mol \times K.$
Hiervon ausgehend nimmt die Entropie mit steigender Temperatur zu, weil die Teilchen eine immer größer werdende Eigenbewegung und damit Unordnung zeigen. So wird auch klar, warum ein Feststoff eine geringere Entropie hat als eine Flüssigkeit und diese wiederum als ein Gas.
Ebenso wie es eine Standardenthalpie gibt, lässt sich auch eine **Standardentropie** für Elemente und Verbindungen angeben. Sie muss größer als Null sein, da die Temperatur bei Standardbedingungen 25 °C beträgt und wir uns somit 298,16 °C vom absoluten Nullpunkt und damit vom Ort der vollständigen Ordnung entfernt befinden. Folglich gibt es für die Entropie auch keine negativen Werte, denn mehr als ordentlich kann es nicht werden.

> Absolute Ordnung und damit eine Entropie von 0 kJ/mol gibt es nur am absoluten Nullpunkt von –273,16 °C.

Auch bei der Entropie spielen die Aggregatzustände eine Rolle. So zeigt beispielsweise festes Jod (116,73 kJ/mol) eine höhere Ordnung und damit einen geringeren Entropiewert als gasförmiges Jod (260,58 kJ/mol).

Reaktionsentropie
Bei einer chemischen Reaktion kommt es zur Veränderung des Ordnungszustandes der daran beteiligten Verbindungen. Dies wird als **Reaktionsentropie** bezeichnet und lässt sich analog zur Enthalpie berechnen:

$\Delta S = \Sigma S_{(Produkte)} - \Sigma S_{(Edukte)}$

Auch hier bildet man die Differenz aus der Entropie von Produkten und Edukten. Die Entropiewerte der einzelnen Stoffe lassen sich genauso wie die der Enthalpie aus Tabellen entnehmen.
Beispiel: Nehmen wir wieder die Reaktion von Eisenoxid mit Kohlenmonoxid, so lässt sich Folgendes berechnen:

1) $Fe_2O_3 + 3\,CO \rightarrow 2\,Fe + 3\,CO_2$
2) $89{,}96\,J/mol \times K + 3 \times 197{,}4\,J/mol \times K \rightarrow 2 \times 27{,}15\,J/mol + 3 \times 213{,}6\,J/mol \times K$
3) $\Delta S = 693{,}78\,J/mol \times K - 682{,}16\,J/mol \times K = +11{,}62\,J/mol \times K$

Dass **ΔS positiv** ist, heißt, dass die Produkte eine größere Entropie und damit geringere Ordnung haben als die Edukte. Wenn wir noch einmal die Reaktionsgleichung betrachten, stellen wir fest, dass wir vier Teilchen Edukte haben und daraus fünf Teilchen Produkte entstehen. Je mehr Teilchen entstehen, desto größer wird die Unordnung.
Beispiel: Bei der Reaktion von HCl mit NH_3 entsteht NH_4Cl. In diesem Beispiel entstehen aus zwei Teilchen Edukte ein Teilchen Produkt, und damit nimmt die Ordnung im System

zu. Folglich ist hier **ΔS negativ,** da die Edukte eine höhere Entropie haben als die Produkte.

> ▶ ΔS > 0 → Unordnung/Entropie nimmt zu
> ▶ ΔS < 0 → Unordnung/Entropie nimmt ab

Gibbs freie Energie

Nun wissen wir, dass mithilfe der Enthalpie die frei gewordene Energie und mit dem Begriff der Entropie die Ordnung beschrieben werden können. Diese Informationen kombiniert man nun in der Gibbs-Helmholtz-Gleichung und kann so zeigen, in welche Richtung eine Reaktion abläuft:
Eine Reaktion lässt sich allgemein durch folgende Formel ausdrücken:

$$A + B \rightleftharpoons C + D$$

Nun ist es interessant, in welche Richtung eine Reaktion abläuft. Die **Reaktionsrichtung** wird durch zwei Tendenzen bestimmt:

▶ Das chemische System strebt einen Zustand möglichst **geringer Energie/Enthalpie** an.
▶ Das chemische System strebt einen Zustand möglichst **großer Unordnung/Entropie** an.

Auf welcher Seite diese Zustände liegen, lässt sich mithilfe der **Gibbs-Hemholtz-Gleichung** berechnen:

$$\Delta G = \Delta H - \Delta S \times T$$

Dabei ist ΔG die **freie Reaktionsenthalpie** oder auch Gibbs freie Energie. ΔH ist die Reaktionsenthalpie, ΔS die Reaktionsentropie und T die absolute Temperatur in Kelvin.

Es gilt:

▶ Reaktionen, bei denen Gibbs freie Energie **ΔG < 0** ist, laufen nach einer eventuell noch nötigen Aktivierung von selbst, das heißt **spontan** ab. Sie werden als **exergonische** Reaktionen bezeichnet.
▶ Ist **ΔG > 0,** verläuft die Reaktion nur unter ständiger Energiezufuhr und damit **nicht spontan** ab. Sie wird als **endergonisch** bezeichnet.

Für unser Beispiel (Eisenoxid + Kohlenmonoxid → Eisen + Kohlendioxid) bei Standardbedingungen wäre dies:

$$\Delta G = \Delta H - \Delta S \times T$$
$$= -23{,}5 \text{ kJ/mol} - (11{,}62 \text{ J/(mol} \times \text{K)} \times 298 \text{ K}) = -20{,}04 \text{ kJ/mol}$$

Die Reaktion von Eisenoxid mit Kohlenmonoxid zu Eisen verläuft demnach spontan. Ihre Umkehrreaktion, also die Entstehung von Eisenoxid aus Eisen und Kohlendioxid, hingegen benötigt Energie und ist damit nicht spontan.
Ein Beispiel für eine endergonische Reaktion wäre die Entstehung von Kohlendioxid und Calciumoxid aus Calciumcarbonat:

> ▶ $CaCO_3 \rightleftharpoons CaO + CO_2$
> $\Delta H = \Delta H_{(Produkte)} - \Delta H_{(Edukte)}$
> $\Delta H = (-635 \text{ kJ/mol} - 394 \text{ kJ/mol}) - 1206 \text{ kJ/mol}$
> $= +177 \text{ kJ/mol}$
> ▶ $\Delta S = \Delta S_{(Produkte)} - \Delta S_{(Edukte)}$
> $\Delta H = (+40 \text{ J/mol} \times \text{K} + 214 \text{ J/mol} \times \text{K}) - 93 \text{ J/mol} \times \text{K}$
> $= +0{,}161 \text{ kJ/mol} \times \text{K}$
> ▶ $\Delta G = \Delta H - \Delta S \times T$
> $\Delta G = +177 \text{ kJ/mol} - (0{,}161 \text{ kJ/mol} \times \text{K} \times 298 \text{ K})$
> $= +129 \text{ kJ/mol} \times \text{K}$

Zusammenfassung

✖ Die **Entropie** ist ein Maß **für die Unordnung** innerhalb eines Systems. Je geringer sie ist, desto kleiner ist der Entropiewert. Ausgehend von 0 J/mol × K beim absoluten Nullpunkt (−273 °C) nimmt die Entropie immer mehr zu.

✖ Mittels **Gibbs freier Energie** kann eine Aussage darüber getroffen werden, ob eine Reaktion freiwillig, das heißt spontan abläuft. Sie berechnet sich nach der Formel **ΔG = ΔH − ΔS × T.**

✖ Ist **ΔG < 0,** so läuft die Reaktion spontan ab. Sie wird **exergonisch** genannt.

✖ Ist **ΔG > 0,** verläuft die Reaktion nur unter ständiger Energiezufuhr. Sie heißt dann **endergonisch.**

Reaktionskinetik

Die **Energetik** chemischer Reaktionen gibt an, in welche Richtung eine Reaktion bevorzugt abläuft. Die **Kinetik** beschreibt, mit welcher Geschwindigkeit dies geschieht. Dabei spielt die **Kollisionstheorie** eine entscheidende Rolle. Sie beschreibt Bedingungen, unter denen es zu einer chemischen Reaktion kommt:

▶ Die miteinander reagierenden Teilchen müssen aufeinandertreffen.
▶ Die Position, in der sie miteinander kollidieren, muss günstig sein.
▶ Damit eine Kollision zweier Stoffe zu einer neuen Verbindung führt, müssen die Teilchen genügend kinetische Energie besitzen. Eventuell muss diese vorher in Form von Aktivierungsenergie (meist durch Erhitzen) zugeführt werden.

Die Punkte zeigen, dass nicht jeder Zusammenstoß von Teilchen automatisch zu einer spontanen Reaktion führen muss. Es gibt Reaktionen, wie z. B. das Rosten von Eisen, die sehr langsam ablaufen, und andere wiederum, wie z. B. das Ausfällen von Bariumsulfat mit Schwefelsäure, die sekundenschnell erfolgen.

Reaktionsgeschwindigkeit

Als Ausgangspunkt dient die allgemeine Reaktionsgleichung $A + B \leftrightarrows C + D$, wobei A und B die Edukte und C und D die Produkte sind. Kommt es zu einem erfolgreichen Zusammenstoß zwischen A und B, so nimmt deren Anzahl ständig ab und die der Produkte C und D zu. Die zeitliche Änderung der Menge an Edukt bzw. Produkt wird als **Reaktionsgeschwindigkeit** bezeichnet. Sie ist definiert als:

$$v = \Delta n / \Delta t \; [mol/s]$$

▶ Findet eine Reaktion in Lösung statt, so kann auch anstatt der Stoffmenge n die Molarität c mit der Einheit mol/l angegeben werden: **$v = \Delta c / \Delta t$.**
▶ Bei Gasen hingegen verwendet man das molare Volumen V in Litern: **$v = \Delta V / \Delta t$.**
▶ Bei Feststoffen nimmt man die Masse in Gramm: **$v = \Delta m / \Delta t$.**

> Reaktionsgeschwindigkeit = Konzentrationsänderung/Zeit

Anhand der Formel der Reaktionsgeschwindigkeit ist ersichtlich, dass es sich um eine **Durchschnittsgeschwindigkeit** handelt, da eine Konzentrationsdifferenz verwendet wird. Üblicherweise nimmt man hierfür die Konzentration zu Beginn und am Ende der Reaktion.

Wie schnell dabei eine Reaktion abläuft, hängt dabei noch von drei weiteren Faktoren ab:

▶ Konzentrationsänderungen,
▶ Zerteilungsgrad und
▶ Temperaturänderungen.

Konzentrationsänderungen

Wird die Anzahl der Teilchen erhöht, so erhöht sich auch die Anzahl der Zusammenstöße zwischen diesen. Es reagieren mehr Teilchen in einem bestimmten Zeitraum miteinander, und die Reaktionsgeschwindigkeit steigt an.
So ist es auch verständlich, warum die Reaktionsgeschwindigkeit am Ende einer Reaktion immer langsamer wird: Die Konzentration der Edukte hat bereits stark abgenommen und es kommt zu weniger Zusammenstößen, die zu einer Reaktion führen.

> Die Reaktionsgeschwindigkeit v steigt mit der Konzentration der Ausgangsstoffe an.

Zerteilungsgrad

Reaktionen zwischen Stoffen können in zwei weitere Untergruppen eingeteilt werden:

▶ **Homogene Reaktionen:** Die Reaktionspartner haben den gleichen Aggregatzustand.
▶ **Heterogene Reaktionen:** Die Reaktionspartner haben unterschiedliche Aggregatzustände.

Bei heterogenen Reaktionen, z. B. solchen, an denen Festkörper beteiligt sind, spielt auch deren Oberfläche eine Rolle. Je feiner zerteilt ein Stoff ist, desto größer ist seine Oberfläche. So löst sich Kandis schlechter im Tee als feiner Kristallzucker.

> Je größer der Verteilungsgrad, das heißt je größer die gemeinsame Oberfläche zweier Reaktionspartner ist, desto größer ist auch die Reaktionsgeschwindigkeit.

Temperaturänderungen

Erhöht man die Temperatur, so erhöht sich auch die kinetische Energie der Teilchen. Die Wahrscheinlichkeit, dass zwei innerhalb eines bestimmten Zeitraumes aufeinandertreffen, steigt ebenfalls. Zusätzlich verfügen so mehr Teilchen über die nötige Mindestenergie (Aktivierungsenergie), um miteinander reagieren zu können. Dieser Sachverhalt lässt sich mittels der **RGT-Regel** (Reaktionsgeschwindigkeits-Temperatur-Regel) beschreiben:

> Die Reaktionsgeschwindigkeit verdoppelt sich bei jeder Temperaturerhöhung um 10 K (10 °C).

Geschwindigkeitsgesetz

Das Geschwindigkeitsgesetz zeigt die Abhängigkeit der Reaktionsgeschwindigkeit von den Konzentrationen der reagierenden Stoffe (Reaktanden). Man unterscheidet zwischen verschiedenen Reaktionsarten.

Reaktionsart
Reaktionen werden anhand der Anzahl der beteiligten Stoffe eingeteilt:

▶ **monomolekulare Reaktion** (auf der Eduktseite ist nur ein Ausgangsstoff vorhanden):
$A \rightarrow B + C$
Die Reaktionsgeschwindigkeit hängt nur von dem Ausgangsstoff A ab.

▶ **bimolekulare Reaktion** (auf der Eduktseite sind 2 verschiedene Ausgangsstoffe zu finden, die Reaktion erfolgt durch die Kollision zweier Teilchen):
$A + B \rightarrow AB$ oder $A + B \rightarrow C + D$
Die Reaktionsgeschwindigkeit hängt von beiden Ausgangsstoffen ab.

▶ **pseudomonomolekulare Reaktion** (Reaktionen, die eigentlich bimolekular sind, aber in denen ein Edukt in einer wesentlich höheren Konzentration vorliegt als das andere).

Bei der monomolekularen Reaktion ist die Reaktionsgeschwindigkeit direkt proportional zur Teilchenkonzentration von A:
$v \sim c(A)$.
Bei der bimolekularen Reaktion ist sie hingegen proportional zu den Konzentrationen beider Ausgangsstoffe: $v \sim c(A)$ und $v \sim c(B)$. Hieraus folgt, dass v auch proportional dem Produkt der Ausgangsstoffe ist: $v \sim c(A) \times c(B)$.
Sind hingegen noch weitere Ausgangsstoffe an einer Reaktion beteiligt, so werden sie dem Produkt hinzugefügt:
$v \sim c(A) \times c(B) \times c(C) \times c(D) \times c(F) \ldots$

Reaktionsordnung
Aus der Reaktionsart kann die **Reaktionsordnung** abgeleitet werden:

Reaktion **1. Ordnung:** $v = k \times [A]$
Reaktion **2. Ordnung:** $v = k \times [A] \times [B]$
Reaktion **n. Ordnung:** $v = k \times [A] \times [B] \times [C]$

Die eckigen Klammern drücken die Konzentration c der Edukte aus.
Der **Proportionalitätsfaktor k** (Geschwindigkeitskonstante) ist eine Stoffkonstante, die angibt, welcher Anteil an Zusammenstößen zwischen den beteiligten Stoffen erfolgreich ist und zu einer chemischen Reaktion führt. Sie ist abhängig von den Eigenschaften der Ausgangsstoffe.

Ordnung	Geschwindigkeitsgesetz	Beispiel
1	$v = k \times [A]^1$	Radioaktiver Zerfall, pseudomonomolekulare Reaktionen
2	$v = k \times [A]^1 \times [B]^1$	$HCl + NH_3 \rightarrow NH_4Cl$
2	$v = k \times [A]^2$	$2\,NO_2 \rightarrow N_2O_4$

Tab. 1: Beispiele für die Reaktionsordnung und -geschwindigkeit

Da sich die theoretisch errechneten und die praktisch gemessenen Reaktionsgeschwindigkeiten häufig stark unterscheiden, wurde ein experimentell modifiziertes Geschwindigkeitsgesetz beschrieben:

$$v = k \times [A]^x \times [B]^y \times [C]^z \ldots$$

Die Summe der Exponenten gibt hier die Reaktionsordnung $(x + y + z \ldots = n =$ Reaktionsordnung) an.
Beispiele ▌Tab. 1.
Beispiel: Bei der Reaktion von $2\,NO_2 \rightarrow N_2O_4$ handelt es sich um eine Reaktion 2. Ordnung, obwohl nur ein Ausgangsstoff vorhanden ist: Hier wäre der Exponent aus $[A]^x$ x = 2, durch die 2 vor dem NO_2.

Katalyse

Obwohl viele Reaktionen eine negative Gibbs freie Energie zeigen und damit spontan ablaufen sollten, tun sie dies nicht oder nur sehr langsam. Ursache hierfür ist die hohe **Aktivierungsenergie,** die diese Reaktionen benötigen. Katalysatoren setzen diese herab und beschleunigen damit die Reaktionsgeschwindigkeit. Sie selbst werden dabei nicht verändert.

Zusammenfassung

✖ Die **Kollisionstheorie** beschreibt die Bedingungen, unter denen es zu einer chemischen Reaktion kommt.

✖ Die **Reaktionsgeschwindigkeit = Konzentrationsänderung/Zeit.**

✖ Sie wird durch **Temperatur- und Konzentrationsänderungen** sowie den **Verteilungsgrad** beeinflusst.

✖ Aus dem experimentell modifizierten Geschwindigkeitsgesetz ($v = k \times [A]^x \times [B]^y \times [C]^z$) lässt sich die **Reaktionsordnung** errechnen, indem man die Summe der Exponenten bildet.

✖ Ein **Katalysator setzt die Aktivierungsenergie herab** und beschleunigt somit die Reaktionsgeschwindigkeit.

Chemisches Gleichgewicht I

Umkehrbare Reaktionen

Die Reaktionsgleichung **A + B ⇌ C + D** ist uns schon begegnet. Bisher sind wir davon ausgegangen, dass die Reaktion nur in eine Richtung (Edukte → Produkte) abläuft (s. Kap. Energetik u. Reaktionskinetik, S. 24–29).
Es hat sich gezeigt, dass es neben der **Hinreaktion** (von A + B zu C + D) auch eine **Rückreaktion** (von C + D nach A + B) gibt. Das bezeichnet man als **reversibel**. Prinzipiell gilt dies für alle Reaktionen. Nur laufen bei manchen Reaktionsgleichungen die Rückreaktion im Vergleich zur Hinreaktion sehr viel seltener ab, so dass sie zu vernachlässigen ist. Diese Reaktionen gelten als nur in eine Richtung ablaufend; sie sind **irreversibel**.
Ein typisches *Beispiel* für eine solche irreversible Reaktion ist die **Knallgasreaktion** zwischen Sauerstoff und Wasserstoff, bei der Wasserdampf entsteht:

$$2\,H_2 + O_2 \rightleftharpoons 2\,H_2O$$

Betrachten wir als weiteres *Beispiel* die Reaktion zwischen Jod und Wasserstoff zu Jodwasserstoff:

$$H_2 + I_2 \rightleftharpoons 2\,HI$$

Liegen beim Start dieser reversiblen Reaktion die Edukte Jod und Wasserstoff im Überschuss vor, so nimmt im Laufe der Reaktion die Geschwindigkeit ($v_{Hin} = k \times [Edukte]$) der Hinreaktion kontinuierlich ab, da die Edukte bei dieser verbraucht werden. Gleichzeitig entstehen immer mehr Produkte. Dies führt zu einer Geschwindigkeitszunahme der Rückreaktion ($v_{Rück} = k \times [Produkte]$). Irgendwann stellt sich dann ein Zustand ein, in dem in gleicher Zeit dieselbe Menge an HI entsteht wie auch wieder zerfällt. Dann sind die Geschwindigkeiten der Hin- und Rückreaktion gleich groß. Nach außen hin sieht es so aus, als würde die Reaktion stillstehen, weil sich an der Menge der Produkte und Edukte nichts mehr ändert. Dieser Zustand wird als **chemisches Gleichgewicht** bezeichnet und durch das **Massenwirkungsgesetz** beschrieben.

> Im chemischen Gleichgewicht einer Reaktion entstehen in derselben Zeit gleich viele Edukte wie Produkte. Damit entsprechen sich die Geschwindigkeiten der Hin- und Rückreaktion.

Massenwirkungsgesetz

Berechnung
Mithilfe des Massenwirkungsgesetzes lässt sich ausdrücken, bei welchem Verhältnis von Hin- und Rückreaktion sich ein chemisches Gleichgewicht einstellt. Errechnet wird es folgendermaßen:

1) Es gilt: $aA + bB \rightleftharpoons cC + dD$
(die kleinen Buchstaben geben die Anzahl der einzelnen Stoffe an)
2) Dabei ist:
$v_{Hin} = k_{Hin} \times [A]^a \times [B]^b$ und $v_{Rück} = k_{Rück} \times [C]^c \times [D]^d$
(in den eckigen Klammern werden die Konzentrationen der einzelnen Stoffe aufgeführt)
3) Im Gleichgewicht sind dann Hin- und Rückreaktion gleich groß: $v_{Hin} = v_{Rück}$
→ $k_{Hin} \times [A]^a \times [B]^b = k_{Rück} \times [C]^c \times [D]^d$
→ $\dfrac{k_{Hin}}{k_{Rück}} = \dfrac{[C]^c \times [D]^d}{[A]^a \times [B]^b}$
4) $k_{Hin}/k_{Rück}$ wird durch die Gleichgewichtskonstante K ersetzt, sie ist dimensionslos:

$$K = \dfrac{[C]^c \times [D]^d}{[A]^a \times [B]^b}$$

Die Konstante ist die **Gleichgewichtskonstante K**. Sie ist, da sich die Einheiten wegkürzen, **dimensionslos**.
Beispiel: Berechnen wir die Gleichgewichtskonstante für die Reaktion von Jod und Wasserstoff zu Jodwasserstoff ($H_2 + I_2 \rightleftharpoons 2\,HI$).
Dazu werden 3,05 mol Jod (g) und 7,75 mol Wasserstoff (g) bei einer Temperatur von 393 °C in einem 25-l-Gefäß miteinander in Verbindung gebracht. Hierbei entstehen nach Einstellung des Gleichgewichts 5,86 mol HI:
1) Die Reaktion lautet:
Hin: $H_2 + I_2 \rightleftharpoons 2\,HI$
Rück: $2\,HI \rightleftharpoons H_2 + I_2$
2) Die Konzentrationen c_B (B für Beginn) sind zu Beginn:
$c_B(H_2)$: 7,75 mol/25 l = 0,31 mol/l
$c_B(I_2)$: 3,05 mol/25 l = 0,122 mol/l
$c_B(HI)$: 0
3) Für die Konzentration c_{Gl} (Gl für Gleichgewicht) von HI nach Einstellung des Gleichgewichts gilt:
$c_{Gl}(HI)$: 5,86 mol/25 l = 0,234 mol/l
4) Unbekannt sind die Konzentrationen von Jod und Wasserstoff. Diese erhält man, wenn man von der ursprünglichen Konzentration der Edukte die der Produkte abzieht. Zu bedenken ist hierbei, dass 2 Mol HI aus jeweils einem Mol Jod und Wasserstoff entstehen. Daher teilen sich beide die 0,234 mol HI, und so steuern sie jeweils 0,117 mol bei.
$c_{Gl}(H_2)$: 0,31 mol/l – 0,177 mol/l = 0,193 mol/l
$c_{Gl}(I_2)$: 0,122 mol/l – 0,177 mol/l = 0,005 mol/l
5) Eingesetzt ins Massenwirkungsgesetz lautet dies:

$$K = \dfrac{c_{Gl}(HI)^2}{c_{Gl}(H_2) \times c_{Gl}(I_2)} = \dfrac{(0,234\ mol/l)^2}{0,193\ mol/l \times 0,005\ mol/l} = 56,7$$

6) Ergebnis: Die Gleichgewichtskonstante hat einen Wert von 56,7.

Gleichgewichtslage
Anhand dieser Konstante ist eine Aussage über die **Gleichgewichtslage** der Reaktion möglich:

▶ Ist die **Gleichgewichtskonstante K > 1**, so liegt das **Gleichgewicht aufseiten der Produkte.** Dabei gibt die Größe des Wertes an, wie stark die Produkte überwiegen. Je höher der Wert, desto mehr Produkt-Teilchen sind vorhanden.

▶ Ist die **Gleichgewichtskonstante K < 1**, so liegt das **Gleichgewicht aufseiten der Edukte.** Dabei gibt die Größe des Wertes an, wie stark die Edukte überwiegen. Je kleiner sie ist, desto mehr Edukt-Teilchen sind vorhanden.

Einflussgrößen

Da die Geschwindigkeit chemischer Reaktionen von den sie umgebenen Bedingungen abhängt und sich das Massenwirkungsgesetz von der Geschwindigkeit ableitet, ist auch dieses von denselben Bedingungen abhängig.

Temperatur

Eine Änderung der Temperatur führt immer zu einer Verlagerung des Gleichgewichts auf die eine oder andere Seite. Dadurch nimmt die Gleichgewichtskonstante K einen anderen Wert an. Auf welche Seite sich das Gleichgewicht verschiebt, hängt von der Enthalpie der Reaktion ab. Es gilt:

> Eine **Temperaturzunahme** begünstigt immer die Reaktion, in der Temperatur verbraucht wird, also die **endotherme Reaktion.**
> Eine **Temperaturabnahme** begünstigt immer die Reaktion, in der Temperatur erzeugt wird, also die **exotherme Reaktion.**

Im obigen Beispiel ist die Bildung von Jodwasserstoff exotherm. Bei einer Temperaturerhöhung würde sich das Gleichgewicht in Richtung Edukte verschieben, was eine Verkleinerung von K zur Folge hätte.

Druck

Bei der oben angeführten Knallgasreaktion entstehen aus drei Teilchen (2 H_2 und 1 O_2) zwei Teilchen (2 H_2O). Läuft die Reaktion in einem geschlossenen Gefäß ab, so zeigen sich nach Erreichen des Gleichgewichts entweder ein geringeres Volumen bei gleichem Druck, oder ein geringerer Druck bei gleichem Volumen ($p \times V = n \times R \times T$), da nun weniger Teilchen vorhanden sind. Somit stehen Druck bzw. Volumen und die Reaktion miteinander in Verbindung. Sie können das Gleichgewicht beeinflussen. Hierbei gilt:

> **Erhöht sich der Druck innerhalb eines geschlossenen Systems, so verschiebt sich das Gleichgewicht auf die Seite geringerer Teilchenanzahl.**

Da bei der Knallgasreaktion weniger Teilchen produziert werden, kommt es folglich zu einer Verschiebung in Richtung Produkte und damit zu einer Zunahme des Wertes der Gleichgewichtskonstanten K.
Reaktionen, in denen es zu keiner Änderung der Teilchenanzahl kommt, werden auch nicht durch Druckveränderungen beeinflusst.

Konzentration

Da in das Massenwirkungsgesetz die Konzentrationen von Edukten und Produkten einfließen, hat die Veränderung einer Konzentration eine Veränderung der anderen zur Folge. Hierbei stellt sich aber nicht wie bei Druck und Temperatur eine neue Gleichgewichtskonstante K ein, sondern das System versucht, das alte Gleichgewicht wiederherzustellen:

▶ **Zugabe** von A oder B → **Zunahme** der Produkte C und D
▶ **Zugabe** von C oder D → **Zunahme** der Edukte A und B
▶ **Entzug** von A oder B → **Nachbildung** der Edukte A und B
▶ **Entzug** von C oder D → **Nachbildung** der Produkte C und D

Ein spezieller Fall sind Reaktionen, in denen Gase produziert werden. Sie können in einem offenen System kontinuierlich entweichen. Das führt dazu, dass sich kein Gleichgewicht einstellen kann und die Reaktion vollständig zur Produktseite verläuft.

Prinzip des kleinsten Zwanges

All diese Einflußgrößen werden unter dem **Prinzip des kleinsten Zwanges** von Le Châtelier zusammengefasst:

> **Übt man auf ein Gleichgewichtssystem einen äußeren Zwang aus, so verschiebt sich das Gleichgewicht so, dass der Zwang vermindert wird.**

Dabei führen Druck und Temperaturveränderung zur Einstellung eines neuen Gleichgewichts und Konzentrationsveränderungen zur Wiedereinstellung des alten.

Zusammenfassung

✖ Edukte und Produkte einer Reaktion stehen miteinander im Gleichgewicht, das sich durch das Massenwirkungsgesetz beschreiben lässt.

✖ Dieses lautet: $K = \dfrac{[C]^c \times [D]^d}{[A]^a \times [B]^b}$

✖ Dabei wird die **Gleichgewichtskonstante K** durch **Temperatur** und **Druck** beeinflusst. **Konzentrationsänderungen** hingegen führen dazu, dass sich K erneut einstellt.

✖ Dies wird im **Prinzip des kleinsten Zwanges** von Le Châtelier zusammengefasst.

Chemisches Gleichgewicht II

Im letzten Kapitel haben wir **homogene Gleichgewichte** besprochen. Diese entstehen, wenn die an einer Reaktion beteiligten Stoffe eine Umwandlung erfahren und gänzlich neue Verbindungen entstehen.
Heterogene Gleichgewichte entstehen im Gegensatz dazu, wenn sich ein Stoff auf ein oder mehrere Phasen verteilt und aus diesen Phasen unverändert zurückgewonnen werden kann. Die Ausgangsstoffe bleiben erhalten.
Beispiel: Gibt man Kochsalz in Wasser, so „verschwindet" dieses, es löst sich auf. Bleibt die Flüssigkeit aber eine Weile in der Sonne stehen, verdunstet das Wasser und zurück bleibt wieder das Kochsalz. Eine chemische Reaktion zwischen Wasser und Kochsalz hat im engeren Sinne nicht stattgefunden. Trotzdem lassen sich auch hier Gleichgewichte beschreiben.

Gleichgewichte und Aggregatzustand

Die Gleichgewichte lassen sich abhängig vom Aggregatzustand der beteiligten Stoffe beschreiben.

Fest/flüssig: Lösungsgleichgewicht

Den Begriff der **Löslichkeit** haben wir bereits im Kapitel Zustände der Materie (s. S. 10/11) kennengelernt. Hier soll ihr Gleichgewicht genauer betrachtet werden.
Kochsalz (NaCl) löst sich nur zu einem begrenzten Maße in Wasser auf. Wird zu viel hineingegeben, bildet sich ein **Bodenkörper.** Es finden weiterhin chemische Reaktionen statt, Kochsalzteilchen gehen in Lösung und fallen aus. Da aber genauso viele Kochsalzteilchen ausfallen wie in Lösung gehen, ändert sich an der Konzentration in der Lösung nichts mehr. Die Lösung ist **gesättigt.**
Um noch mehr NaCl aus dem Bodenkörper in Lösung zu bringen, muss man die Temperatur des Lösungsmittels erhöhen. Dadurch steigt die Konzentration des gelösten Kochsalzes in der Flüssigkeit. Kühlt die Lösung wieder ab, vergrößert sich der Bodenkörper erneut, und die Konzentration des gelösten Kochsalzes verringert sich.
Es besteht also ein **Löslichkeitsgleichgewicht zwischen dem Bodenkörper und dem gelösten Kochsalz**, das **temperaturabhängig** ist.
Grundsätzlich gilt, dass die Löslichkeit von Feststoffen mit steigender Temperatur zunimmt. Beschreiben lässt sich das Lösungsgleichgewicht durch das Massenwirkungsgesetz. Am Beispiel für Kochsalz lautet es:

▶ Allgemeine Reaktionsformel für Salzlösungen: $A_aB_b \leftrightarrows aA^{b+} + bB^{a-}$
Daraus folgt: $K = \dfrac{[A^{b+}]^a \times [B^{a-}]^b}{[A_aB_b]}$
▶ Für Kochsalz: $NaCl \leftrightarrows Na^+ + Cl^-$
Daraus folgt: $K = \dfrac{[Na^+] \times [Cl^-]}{[NaCl]}$

Da die Konzentration des Bodenkörpers (ungelöstes Salz) bei gleich bleibender Temperatur konstant ist, kann diese mit 1 mol/l in die Gleichgewichtskonstante K mit einbezogen werden. Hieraus ergibt sich dann eine **neue Konstante K_L**, die als **Löslichkeitsprodukt** bezeichnet wird (Werte: s. Tabellen II, S. 96).

Bei einer Ionenverbindung, die sich nach folgender Reaktionsformel löst: $A_aB_b \leftrightarrows aA^{b+} + bB^{a-}$, ergibt sich ein **Löslichkeitsprodukt** von
$K_L = [A^{b+}]^a \times [B^{a-}]^b$

Anhand von K_L ist es möglich, Aussagen über die Löslichkeit eines Salzes zu treffen. Es kann berechnet werden, wie viel mol eines Salzes in einer Flüssigkeit gelöst werden müssen, damit eine gesättigte Lösung entsteht. Wird dieser Wert überschritten, fällt ein Bodenkörper aus. Die K_L-Werte von Salzen können ebenso wie die Massenwirkungskonstante K Tabellen entnommen werden (s. Anhang). Hierbei gilt: Je kleiner K_L ist, umso geringer ist die Löslichkeit eines Salzes.

Beispiel:
▶ Das Löslichkeitsprodukt von Silberchlorid bei 25 °C beträgt
2×10^{-10} mol^2/l$^2 \times K_L = [Ag^+] \times [Cl^-]$.
▶ Da aus 1 mol AgCl auch immer 1 mol Ag^+ und 1 mol Cl^- entstehen, gilt: $[Ag^+] = [Cl^-] = [AgCl]$.
▶ Daher ist $K_L = [Ag^+] \times [Cl^-] = [AgCl]^2$ und es folgt
$[AgCl] = \sqrt{K_L} = \sqrt{2 \times 10^{-10} \text{ mol}^2/\text{l}^2}$
$= 1{,}4 \times 10^{-6}$ mol/l.
▶ Mithilfe der Molmasse von AgCl = 143,5 g/mol ergibt sich, dass in 1 l gesättigter Silberchlorid-Lösung 2 mg Silberchlorid gelöst sind
(143,5 g/mol $\times$ 1,4 $\times 10^{-6}$ mol/l).

Das Löslichkeitsprodukt von Kochsalz wäre:
$K_L(\text{Kochsalz}) = [Na^+] \times [Cl^-]$.
Anhand dieser Gleichung lässt sich auch erklären, warum ein Bodenkörper aus

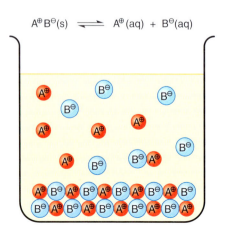

Abb. 1: In einer gesättigten Lösung liegt ein Gleichgewicht zwischen dem Bodenkörper und den gelösten Ionen vor. [1]

Kochsalz ausfällt, wenn statt Kochsalz Natriumsulfat (Na_2SO_4) oder Kalziumchlorid ($CaCl_2$) zur gesättigten Kochsalzlösung hinzugegeben werden. Durch die Zugabe von weiteren Ionen erhöht sich jeweils eine der beiden Ionenkonzentrationen: bei Natriumsulfat die von Natrium und bei Kalziumchlorid die von Chlorid.

> Das **Löslichkeitsprodukt** $K_L = [A^{b+}]^a \times [B^{a-}]^b$ leitet sich vom Massenwirkungsgesetz ab und gibt die Löslichkeit eines Salzes an. Dabei gilt: Je kleiner der Wert ist, umso geringer ist die Löslichkeit.

Flüssig/flüssig: Nernst-Verteilungsgleichgewicht

Auch bei Gemischen von Flüssigkeiten kommt es vor, dass sich diese nicht beliebig miteinander mischen lassen. Es gilt: **Gleiches mischt sich nur mit Gleichem.** So lassen sich polare Stoffe – also jene, die geladen sind oder Wasserstoffbrücken ausbilden können – nur mit anderen polaren Stoffen mischen. Unpolare Stoffe dagegen verteilen sich in anderen unpolaren Stoffen – sie tragen keine Ladung bzw. bilden keine Wasserstoffbrücken.
Anstatt polar nutzt man auch die Begriffe **hydrophil/lipophob** und für unpolar werden **hydrophob/lipophil** verwendet.
Beispiel: Wird eine kleine Menge Diethylether in Wasser gegeben, so löst sich dieses. Fügt man dann jedoch weiteren Ether hinzu, löst sich dieser nicht mehr. Es bilden sich zwei Phasen, wobei der Ether aufgrund seiner geringeren Dichte auf dem Wasser schwimmt. Man bezeichnet die oben schwimmende Flüssigkeit als **Oberphase** und die unten schwimmende als **Unterphase.**
Wird nun ein weiterer Stoff A dem Flüssigkeitsgemisch beigefügt, so verteilt sich dieser in beiden Phasen. Wie viel sich dabei in welcher Phase löst, hängt davon ab, ob der Stoff A eher hydrophil (löst sich besser in Wasser) oder lipophil (löst sich besser in Ether) ist. Dies lässt sich mithilfe des **Nernst-Verteilungsgesetzes** ermitteln:

$$\text{Verteilungskoeffizient } K_V = \frac{[A]_{Oberphase}}{[A]_{Unterphase}}$$

Hat der Stoff A den K_V-Wert von 4, so bedeutet dies, dass sich 4 Teile (80%) in der Oberphase und 1 Teil (20%) in der Unterphase lösen. In dem Fall handelt es sich bei A um einen lipophilen Stoff. Wäre der Verteilungskoeffizient von A hingegen $K_V = ¼ = 0{,}25$, so würden sich 80% in der hydrophilen Unterphase befinden.

Flüssig/gasförmig: Henry-Dalton-Gesetz

Bei den Feststoffen nimmt die Löslichkeit mit steigender Temperatur zu. Bei Gasen ist es umgekehrt, hier nimmt die Löslichkeit mit steigender Temperatur ab. Neben der Temperatur hat auch der Druck Einfluss darauf, wie viel Gas sich innerhalb einer Flüssigkeit löst. Diesen Zusammenhang zeigt das **Henry-Dalton-Gesetz**. Die Konzentration eines Gases ist innerhalb einer Flüssigkeit proportional zum Partialdruck des Gases über der Flüssigkeit:

$$[A] = p(A) \times K_G.$$

K_G ist wieder eine Konstante. Löst man nach dieser auf, so ergibt sich:

$$K_G = \frac{[A]}{p(A)}.$$

Damit beschreibt K_G, wie gut sich ein Gas bei gegebener Temperatur und Druck in einer Flüssigkeit löst. Je größer K_G ist, desto besser ist die Löslichkeit eines Gases. Beispielsweise löst sich CO_2 20-mal besser im Blut als O_2.

Zusammenfassung

✖ Ein **heterogenes Gleichgewicht** liegt vor, wenn sich ein Stoff auf unterschiedliche Phasen verteilt. Bei fest/flüssig wären dies das Salz in Lösung und der Bodenkörper.

✖ Aus dem Massenwirkungsgesetz leitet sich das **Löslichkeitsprodukt** $K_L = [A^{b+}]^a \times [B^{a-}]^b$ ab. Mit dessen Hilfe kann berechnet werden, wie viel z. B. eines Salzes in einer Flüssigkeit gelöst werden kann, bevor ein Bodenkörper ausfällt.

✖ Unter einer **gesättigten Lösung** versteht man eine Lösung, in der sich ein Stoff A nicht weiter lösen lässt, ohne dass dieser ausfällt.

✖ Stoffe können aufgrund ihrer vorhandenen/nicht vorhandenen Polarität in **hydrophil/hydrophob** und **lipophob/lipophil** unterteilt werden.

✖ Wie hydrophil/hydrophob ein Stoff ist, lässt sich anhand des **Nernst-Verteilungsgesetzes** bestimmen:
Verteilungskoeffizient $K_V = [A]_{Oberphase}/[A]_{Unterphase}$
Dabei gilt: Je größer K_V, desto hydrophober ist der Stoff A.

✖ Das **Henry-Dalton-Gesetz** $K_G = [A]/p(A)$ beschreibt die Löslichkeit eines Gases in einer Flüssigkeit in Abhängigkeit vom Partialdruck des Gases über der Flüssigkeit. Dabei gibt die Konstante K_G an, wie gut ein Gas löslich ist.

Salzlösungen und Fällungsreaktionen

Salze haben wir an verschiedenen Stellen kennengelernt und in Teilen besprochen (s. Bindungstypen I, S. 14/15, Chemisches Gleichgewicht II, S. 32/33). In diesem Kapitel werden sie noch einmal als eigenständige Substanzklasse betrachtet. **Salze** bestehen aus **Ionen**. Es gibt **Anionen** (negativ geladen, meist Halogene) und **Kationen** (positiv geladen, meist Metalle). Sie werden über die **Ionenbindung** zusammengehalten und bilden **Salzkristalle**. Diese wiederum weisen einen **hohen Schmelz- und Siedepunkt** auf, hervorgerufen durch die hohen intramolekularen Kräfte = **Coulomb-Kräfte**.

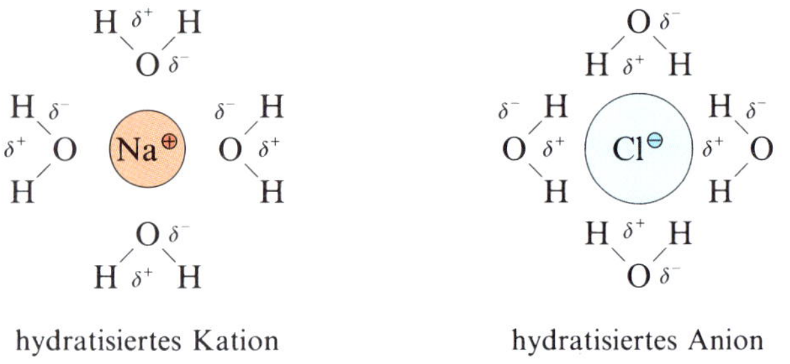

Lösen von Salzen (Dissoziation)

Gitterenergie

Wenn sich einzelne Ionen im gasförmigen Zustand zu einem Gitter zusammenlagern, so ist dies ein exothermer Vorgang, es wird Energie frei. Diese Energie bezeichnet man als Gitterenergie.
Beispiel: Die Gitterenergie, die bei der Bildung von Natriumchlorid aus gasförmigen Na^+-Ionen und Cl^--Ionen beträgt 788 kJ/mol. Verdampft man dieses Natriumchlorid wieder, so wird die gleiche Menge an Energie benötigt, um gasförmige Ionen zu erhalten (Abb. 1).

Hydratation und Lösungsenthalpie

Gibt man Salzkristalle in Wasser, so lösen sie sich auf, das Festkörpergitter zerfällt in einzelne Ionen. Dieser Prozess wird als **Dissoziation** bezeichnet. Hierzu muss die Gitterenergie überwunden werden (Vorzeichen dreht sich um, siehe Beispiele). Da die Gitterenergie negativ ist (die Bildung eines Kristalls ist exotherm), handelt es sich beim **Auflösen des Festkörpergitters** immer um einen **endothermen Vorgang**.
Die Ionen liegen jedoch in wässriger Lösung nicht „nackt" vor, sondern werden von einer Hülle aus Wassermolekülen umgeben. Diese Hülle wird als **Hydrathülle** bezeichnet, und die darin befindlichen Ionen als **hydratisiert** (Abb. 2). Dabei beträgt die Anzahl häufig 4 oder 6 Wassermoleküle, wobei kleinere Ionen eine größere Hydrathülle aufweisen als größere.
Möchte man ein Ion als hydratisiert kennzeichnen, so versieht man das Elementsymbol mit einem „aq" für aqua. Stöchiometrisch werden die Wassermoleküle hingegen nicht angegeben.

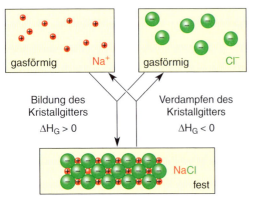

Abb. 1: Bildung eines Natriumchloridkristalls. [1]

Abb. 2: Hydratisierte Ionen. [2]

Auch dieser Prozess ist mit einem Energieumsatz, der **Hydratationsenthalpie** ΔH_H, verbunden. Die Dissoziation ist ein **exothermer** Vorgang, ΔH_H ist somit immer negativ.
Um zu wissen, ob der Lösungsvorgang eines Salzes nun insgesamt endo- oder exotherm ist, müssen die Gitterenergie und die Hydratationsenthalpie verrechnet werden. Es ergibt sich daraus die **Lösungsenthalpie = Lösungswärme**:

$$\Delta H_L = \Delta H_G + \Sigma \Delta H_H$$

Beispiel	KCl		$CaCl_2$	
Gitterenergie	ΔH_G (KCl)	711 kJ/mol	ΔH_G ($CaCl_2$)	2198 kJ/mol
Hydratations-enthalpie	ΔH_H (K^+)	-338,9 kJ/mol	ΔH_H (Ca^{2+})	-1615 kJ/mol
	ΔH_H (Cl^-)	-351,5 kJ/mol	2 x ΔH_H (Cl^-)	-351,5 kJ/mol -351,5 kJ/mol
Lösungsenthalpie	ΔH_L (KCl)	+20, kJ/mol	ΔH_L ($CaCl_2$)	-120 kJ/mol

Schaut man auf die Beispiele, so zeigen die Ergebnisse, dass sich beim Lösen von einem Mol Kaliumchlorid die Lösung abkühlen und bei Kalziumchlorid erwärmen wird.

Löslichkeitsprodukt

Das Löslichkeitsprodukt wurde bereits ausführlich auf Seite 32/33 behandelt. Das **Löslichkeitsprodukt** $K_L = [A^{b+}]^a \times [B^{a-}]^b$ leitet sich vom Massenwirkungsgesetz ab und gibt die Löslichkeit eines Salzes an. Hierbei ist die Löslichkeit umso geringer, je kleinere Werte K_L annimmt (siehe Tabellen II).

Fällungsreaktionen

Beim Überschreiten des Löslichkeitsproduktes kommt es zum Ausfallen von Salz, da sich dieses nicht mehr lösen kann. Es gibt zwei Wege, eine Fällungsreaktion herbeizuführen:

▶ Zugabe des gleichen Salzes
▶ Zugabe von am Salz beteiligten Ionen: Dieses Verhalten von Salzen wird gezielt ausgenutzt, um nachzuweisen, welche Ionen in einem Salz vorkommen.

Beispiel für einen Ionennachweis: Chloridionen (Cl^-) können in einer Lösung durch die Zugabe von Silbernitrat

(AgNO₃) nachgewiesen werden. Hierbei kommt es dann zu einem Ausfallen von schwer löslichem Silberchlorid, das sich als dunkler Niederschlag bemerkbar macht. Dabei kennzeichnet man das ausfallende Salz mit einem nach unten gerichteten Pfeil.

$Cl^- + AgNO_3 \rightarrow AgCl\downarrow + NO_3^-$

Andererseits lässt sich natürlich auch das Vorhandensein von Silberionen durch die Zugabe von Chloridionen nachweisen.

Elektrolyse

Man füllt ein Gefäß mit Kupferchlorid (CuCl₂) und setzt in dieses Elektroden. Wenn man nun eine Gleichspannung anlegt, ist zu beobachten, dass sich an der einen Elektrode Kupfer abscheidet und an der anderen Chlor aufsteigt. Folglich müssen sich die Ionen des Salzes in der wässrigen Lösung bewegen können. Sie bilden einen Stromkreis, indem die negativ geladenen Chlorid-Anionen zur **Anode** schwimmen, dort

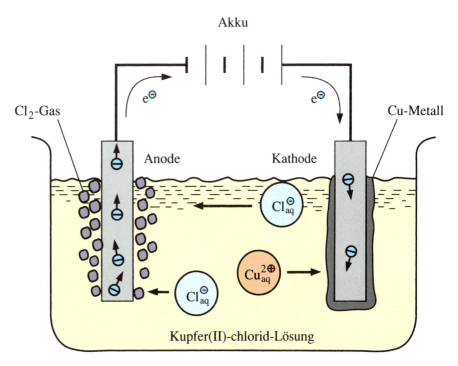

Abb. 3: Elektrolyse einer Kupfer(II)-chlorid-Lösung. [2]

ihr Elektron abgeben und somit zu elementarem Chlor werden. Die Kupfer-Kationen hingegen schwimmen zur **Kathode**, nehmen die vom Chlorid abgegebenen Elektronen auf und werden zu elementarem Kupfer (Abb. 3). Dieser Prozess wird als **Elektrolyse** bezeichnet und erzeugt durch die chemische Reaktion **elektrischen Strom**.

Zusammenfassung

- Unter der **Gitterenergie** versteht man die Energie, die bei der Bildung eines Festkörpergitters freigesetzt wird. Die Bildung eines Festkörpergitters ist immer ein **exothermer** Vorgang.
- Beim Aufbrechen **eines Festkörpergitters** muss die Gitterenergie aufgebracht werden. Demnach handelt es sich um einen **endothermen Vorgang.**
- Die **Hydratationsenthalpie** kennzeichnet die Energie, die bei der Umlagerung eines Ions mit Wassermolekülen freigesetzt wird. Sie ist stets negativ und der Vorgang somit **exotherm.**
- Die **Lösungsenthalpie** ergibt sich aus der Gitterenergie und der Hydratisationsenthalpie: $\Delta H_L = \Delta H_G + \Sigma \Delta H_H$. Ist diese negativ, so erwärmt sich die Flüssigkeit beim Lösen eines Salzes. Ist sie positiv, so kühlt sich die Lösung ab.
- Das **Löslichkeitsprodukt** $K_L = [A^{b+}]^a \times [B^{a-}]^b$ beschreibt die Löslichkeit eines Salzes. Je kleiner das Löslichkeitsprodukt, umso weniger Salz lässt sich lösen.
- In der **Elektrolyse** wandern die Kationen zur Kathode und die Anionen zur Anode. Durch die dort stattfindenden Reaktionen wird elektrische Energie freigesetzt.

Säuren und Basen I

Definitionen

Die erste Definition zum Begriff der Säure stammt von **Lavoisier** aus dem Jahr 1775. Er beobachtete, dass bei der Verbrennung von Holz ein Gas entsteht, das mit Wasser eine saure Lösung bildet, und schloss daraus, dass Säuren Sauerstoff enthalten und durch eine Reaktion von Nichtmetalloxiden mit Wasser entstehen: $CO_2 + H_2O \leftrightarrows H_2CO_3$ (Kohlensäure). Die nächste Definition verfasste **Justus von Liebig** 1838. Er nahm an, dass Säuren Wasserstoff enthalten und dieser in Reaktionen durch Metalle ersetzt wird:
$2\ HCl + Ca \leftrightarrows CaCl_2 + H_2\uparrow$.
1887 erweiterte **Arrhenius** diese Definition: Bei Säuren handelt es sich um Stoffe, die beim Lösen in Wasser Wasserstoff-Ionen (Protonen = H^+) abspalten, während Basen Hydroxidionen (OH^-) abspalten:

$HCl \leftrightarrows H^+_{aq} + Cl^-_{aq}$ (Salzsäure)
$NaOH \leftrightarrows Na^+_{aq} + OH^-_{aq}$ (Natronlauge)

Brönstedt-Definition

Brönstedt beobachtete, dass auch bei vielen anderen Stoffen saure/basische Lösungen entstanden, obwohl diese Stoffe nach Arrhenius keine Säuren/Basen waren (Säuren rot, Basen grün): $NH_3 + H_2O \leftrightarrows NH_4^+ + OH^-$
Ammoniak reagiert hier mit Wasser zu einer alkalischen Lösung, indem es ein Proton vom Wasser aufnimmt. Es entstehen dabei ein Ammonium-Kation und ein Hydroxid-Anion. Daher erweiterte Brönstedt die bisher bestehende Definition erneut, indem er das Lösungsmittel (meist Wasser) mit einbezog:

> ▶ **Säuren** geben Protonen (H^+-Ionen) ab und sind somit **Protonendonatoren**.
> ▶ **Basen** nehmen Protonen (H^+-Ionen) auf und sind somit **Protonenakzeptoren**.
> ▶ Die Übertragung eines Protons wird als **Proteolyse** bezeichnet.

Zurück zum *Beispiel:* Demnach handelt es sich beim Ammoniak um eine Base und beim Wasser um eine Säure. Betrachten wir noch einmal die Dissoziation von HCl: hier ist zwar HCl als Protonendonator vorhanden, aber ein Protonenakzeptor fehlt. Da H^+-Teilchen jedoch nicht ungebunden vorkommen, müssen sie an Wassermoleküle binden. Folglich sind diese die Protonenakzeptoren: $HCl + H_2O \leftrightarrows H_3O^+ + Cl^-$
Hierbei reagiert das Wassermolekül als Base, indem es das Proton aufnimmt und zu einem **Hydroniumion (H_3O^+)** wird. Der Begriff „Säure/Base" kennzeichnet also nicht einen Stoff, sondern seine **Funktion** in der jeweiligen Reaktion. Diese kann je nach Reaktionspartner verschieden sein. Wasser kann also einmal Base und einmal Säure sein, es ist ein **Ampholyt**.

In den Reaktionen stehen die Produkte mit den Edukten in einem chemischen Gleichgewicht, dem **Proteolysegleichgewicht** oder **Dissoziationsgleichgewicht**.
Die Teilchen, die durch den Protonenübergang miteinander verknüpft sind, werden als **konjugierte Säure/Base-Paare** bezeichnet (H: Wasserstoff, A: Säure, B: Base):

▶ **Dissoziationsgleichgewicht für Säuren mit Wasser:**
– $HA + H_2O \leftrightarrows H_3O^+ + A^-$
– Konjugierte Säure/Base-Paare: HA/A^- und H_2O/H_3O^+
▶ **Dissoziationsgleichgewicht für Basen mit Wasser:**
– $B + H_2O \leftrightarrows BH^+ + OH^-$
– Konjugierte Säure/Base-Paare: B/BH^+ und H_2O/OH^-
▶ **Dissoziationsgleichgewicht für Säuren und Basen allgemein:**
– $HA + B \leftrightarrows BH^+ + A^-$
– Konjugierte Säure/Base-Paare: HA/A^- und B/BH^+

Das Wasser kann sowohl als Säure als auch als Base reagieren. Es ist ein Ampholyt. Wie es reagiert, hängt von seiner **Protonendonatorstärke** und der des Reaktionspartners ab. Ist die des Wassers größer, so gibt es sein Proton ab und reagiert als Säure. Ist sie schwächer, reagiert Wasser als Base.
Ein weiteres Ampholyt ist HSO_4^-. Es kann zum einen die korrespondierende Base zur Schwefelsäure H_2SO_4 sein, oder aber die korrespondierende Säure zu Base SO_4^{2-}. Dieses amphotere Verhalten trifft für alle **mehrprotonigen Säuren** zu.
Beispiele (blau = Ampholyte):

▶ H_2SO_4, HSO_4^-, SO_4^{2-} // H_2CO_3, HCO_3^-, CO_3^{2-} // H_2S, HS^-, S^{2-} // H_3PO_4, $H_2PO_4^-$, HPO_4^{2-}, PO_4^{3-}

Lewis-Definition

Lewis hat die Definition von Brönstedt so erweitert, dass sie unabhängig vom H^+-Ion ist. Nach ihm sind:

▶ **Säuren** Teilchen, die in ihrer äußeren Schale eine **Elektronenlücke** aufweisen
▶ **Basen** Teilchen, die über ein **freies Elektronenpaar** zur Ausbildung einer Atombindung verfügen.

Protolysegleichgewichte I

Autoprotolyse des Wassers

Wasser kann sowohl als Säure als auch als Base reagieren. Diese Reaktion kann auch zwischen 2 Wassermolekülen stattfinden und wird als **Autoprotolyse des Wassers** bezeichnet:

$H_2O + H_2O \leftrightarrows H_3O^+ + OH^-$

Eingesetzt ins Massenwirkungsgesetz ergibt sich bei 25 °C:
$$K = \frac{[H_3O^+] \times [OH^-]}{[H_2O]^2} = 3{,}3 \times 10^{-18}$$

Bei der Reaktion liegt das Gleichgewicht fast vollständig auf der linken Seite bei H_2O. Die Konzentration von H_2O kann somit als konstant angesehen werden und in die Berechnung der Gleichgewichtskonstante K mit einbezogen werden. Es ergibt sich die neue Konstante K_W, das **Ionenprodukt des Wassers**:

▶ $K_W = K \times [H_2O]^2 = 3{,}3 \times 10^{-18} \times (1000\ g/18\ g/mol)^2 = 3{,}3 \times 10^{-18} \times (55{,}55\ mol/l)^2 = 10^{-14}\ mol^2/l^2$
▶ $K_W = [H_3O^+] \times [OH^-] = 10^{-14}\ mol^2/l^2$

Da H_3O^+ und OH^- immer zu gleichen Teilen entstehen, gilt: $[H_3O^+] = [OH^-] = \sqrt{K_W} = 10^{-7}\ mol/l$

pH-Wert

Für wässrige Lösungen, in denen verschiedene Ionen gelöst sind (wie Salzlösungen, saure/basische Lösungen), gilt ebenfalls das Ionenprodukt des Wassers. Daher ist es möglich, wenn die Konzentration von H_3O^+ bekannt ist, auf die OH^--Konzentration zu schließen und umgekehrt von OH^- auf H_3O^+.

Beispiel: Eine 1-millimolare (10^{-3} molare) Salzsäurelösung hat, da sie nahezu vollständig dissoziiert, eine H_3O^+-Konzentration von 10^{-3} mol/l. Daraus ergibt sich für die OH^--Konzentration: $[OH^-] = K_W/[H_3O^+] = 10^{-14}/10^{-3} = 10^{-11}$ mol/l. Da diese Berechnungen mit Potenzen kompliziert und unübersichtlich sind, wurde der **pH-Wert** definiert: Er ist der **negative dekadische Logarithmus der Hydroniumionen-Konzentration** (H_3O^+). Entsprechend ist der **pOH-Wert** der **negative dekadische Logarithmus der Hydroxidionen-Konzentration** (OH^-).

▶ $pH = -\log_{10}[H_3O^+] = -\lg[H_3O^+]$
▶ $pOH = -\log_{10}[OH^-] = -\lg[OH^-]$
▶ Für $-\lg K_W$ gilt nun: $14 = pH + pOH$

Hierdurch wird das Rechnen wesentlich einfacher. Für unser obiges Beispiel mit der 1-millimolaren Salzsäurelösung wäre dies nun:
$pH = -\lg[10^{-3}] = 3$
$pOH = 14 - pH = 14 - 3 = 11$
Je höher der Wert, desto kleiner ist die Konzentration ($10^{-1} > 10^{-5}$). Im Beispiel ist der pOH-Wert größer als der pH-Wert, folglich ist die Konzentration an Hydroxidionen (OH^-) geringer als die der Hydroniumionen (H_3O^+). Die Lösung ist sauer. Liegen mehr Hydroxidionen als Hydroniumionen vor, ist die Lösung basisch. Demnach gilt: Je saurer eine Lösung ist, umso kleiner ist der pH-Wert und umso größer die Hydroniumionen-Konzentration.
Der pH-Wert hat eine Skala von 0 bis 14 (Tab. 1).

pH-Wert	$[H_3O^+]$ in mol/l	$[OH^-]$ in mol/l	Bezeichnung
0 – 7	$10^0 - 10^{-7}$	$10^{-14} - 10^{-7}$	sauer
7	10^{-7}	10^{-7}	neutral
7 – 14	$10^{-7} - 10^{-14}$	$10^{-7} - 10^0$	basisch

Tab. 1: Einteilung des pH-Wertes

Messung von pH-Werten

pH-Werte lassen sich mittels zweier Methoden bestimmen:

▶ **pH-Meter:** Das pH-Meter nutzt eine entstehende Potenzialdifferenz zwischen einer Glaselektrode und der zu messenden Lösung aus, um hieraus den pH-Wert zu berechnen.
▶ **Indikatoren:** Indikatoren sind Substanzen, die je nach pH-Wert der Lösung, in der sie sich befinden, eine unterschiedliche Farbe zeigen. So ist beispielsweise Lackmus rot, wenn sich dieser in saurer Lösung befindet und blau bei alkalischer/basischer Lösung. Ist die Lösung neutral, so bildet sich eine Mischfarbe zwischen Rot und Blau aus.

Zusammenfassung

✖ Nach **Brönstedt** sind **Säuren Protonendonatoren** und **Basen Protonenakzeptoren**.

✖ Innerhalb einer chemischen Reaktion von Säuren/Basen bildet sich ein **Dissoziationsgleichgewicht** aus, indem **konjugierte Säure/Base-Paare** miteinander in Verbindung stehen.

✖ Unter einem **Ampholyt** versteht man einen Stoff, der sowohl als Säure als auch als Base reagieren kann. Beispiele: Wasser, Anionen mehrprotoniger Säuren.

✖ Nach **Lewis** zeigen Säuren eine Elektronenlücke in ihrer Valenzschale, und Basen verfügen über ein freies Elektronenpaar.

✖ Der **pH-Wert** leitet sich vom **Autoprotolyse-Gleichgewicht** des Wassers her und ist definiert als der **negative dekadische Logarithmus der Hydroniumionen-Konzentration: $pH = -\lg[H_3O^+]$**.

✖ Hieraus ergibt sich: **$pH = 14 - pOH$**. Dabei ist eine Lösung **sauer**, wenn ihr **pH < 7** ist, **neutral** bei **pH = 7** und **basisch** bei **pH > 7**.

✖ Zur **pH-Wert-Messung** kann man entweder einen **pH-Meter** oder **Indikatoren** verwenden.

Säuren und Basen II

Protolysegleichgewichte II

Stärke von Säuren und Basen

Die Stärke einer Säure hängt von ihrer Fähigkeit ab, in H_3O^+-Ionen zu dissoziieren. Dieser Dissoziationsgrad bestimmt somit, wie „sauer" eine Säure ist. Bei Basen ist es die Fähigkeit, in OH^--Ionen zu zerfallen.

Dieser Sachverhalt lässt sich durch das Massenwirkungsgesetz beschreiben:

▶ Säure: $HA + H_2O \leftrightarrows H_3O^+ + A^-$.

Daraus folgt für $K = \dfrac{[H_3O^+] \times [A^-]}{[HA] \times [H_2O]}$

▶ Base: $B + H_2O \leftrightarrows BH^+ + OH^-$.

Daraus folgt für $K = \dfrac{[BH^+] \times [OH^-]}{[B] \times [H_2O]}$

Da die Reaktion in wässriger Lösung stattfindet und Wasser somit im Überschuss vorhanden ist, wird die Wasserkonzentration als konstant angesehen und in die Konstante mit einbezogen: die Konstanten K_S und K_B bezeichnet man als **Säure-** und **Basenkonstante**:

▶ $K_S = [H_3O^+] \times [A^-]/[HA]$
▶ $K_B = [BH^+] \times [OH^-]/[B]$

Hat eine Säure einen **großen K_S-Wert**, so liegt sie nahezu **vollständig** dissoziiert vor. Damit entstehen aus den ursprünglichen Säure-Teilchen nahezu 100% Hydroniumionen. Die Säure gilt als **stark**.

Hat eine Säure einen **kleinen K_S-Wert**, so dissoziiert sie nur **unvollständig**, und die Hydroniumionenkonzentration ist kleiner als die ursprüngliche Säurekonzentration. Diese Säure gilt als **schwach**.

Um auch hier handlichere Werte zu erhalten, kann auch aus dem K_S- und K_B-Wert der negative dekadische Logarithmus gebildet werden:
$pK_S = -\lg K_S$ und $pK_B = -\lg K_B$

Hierbei gilt: **je größer der pK_S-Wert** bzw. der pK_B-Wert, desto **schwächer ist die Säure** bzw. Base (Werte: siehe Tabellen III).

Zusätzlich besteht ein Zusammenhang zwischen dem pK_S-Wert einer Säure und dem pK_B-Wert ihrer konjugierten Base:
$pK_S + pK_B = 14$

Beispiel:
▶ $HCN + H_2O \leftrightarrows CN^- + H_3O^+$ $pK_S = 9,4$
▶ $CN^- + H_2O \leftrightarrows HCN + OH^-$ $pK_B = 4,6$

> Es gilt: je stärker eine Säure, desto schwächer ist ihre konjugierte Base, bzw. je schwächer eine Säure, desto stärker ist ihre konjugierte Base.

pH-Wert-Berechnung

Starke Säuren und Basen

Da starke Säuren/Basen nahezu vollständig dissoziieren, lässt sich ihr pH-Wert sehr einfach errechnen. Er wird durch die Ausgangkonzentration der Säure/Base bestimmt:

▶ **für Säuren: $pH = -\lg[H_3O^+]$**
▶ **für Basen: $pH = 14 - pOH$**
$= 14 - [OH^-]$

Beispiele:
▶ 0,1 molare Salzsäure:
0,1 mol/l $[H_3O^+] \rightarrow pH = -\lg[0,1] = 1$
▶ 0,5 molare Salzsäure:
0,5 mol/l $[H_3O^+] \rightarrow pH = -\lg[0,5] = 0,3$
▶ 1 mikromolare Salzsäure:
10^{-6} mol/l $[H_3O^+] \rightarrow pH = -\lg[10^{-6}] = 6$
▶ 1 molare Natronlauge (NaOH):
1 mol/l $[OH^-] \rightarrow pH = 14 - -\lg[1] = 14$
▶ 0,5 molare Natronlauge (NaOH):
0,5 mol/l $[OH^-] \rightarrow pH = 14 - -\lg[0,5]$
$= 13,7$

Schwache Säuren und Basen

Der pH-Wert einer schwachen Säure/Base ist etwas schwieriger zu errechnen, da diese nicht vollständig bzw. nur gering dissoziieren. Der undissoziierte Anteil überwiegt im Gleichgewicht. Daher bedarf es einer weiteren Umformung der Säure/Basen-Konstanten. Da bei der Dissoziation immer gleichviel A^- wie H_3O^+ entsteht, können sie gleichgesetzt werden. Ebenso BH^+ und OH^-:

▶ $K_S = [H_3O^+]^2/[HA]$ und
$K_B = [OH^-]^2/[B]$
▶ $[H_3O^+]^2 = K_S \times [HA]$ und
$[OH^-]^2 = K_B \times [B]$
▶ $[H_3O^+] = \sqrt{K_S \times [HA]}$ und $[OH^-]$
$= \sqrt{K_B \times [B]}$
▶ $pH = 1/2\,(pK_S - \lg[HA])$ und
$pOH = 1/2\,(pK_B - \lg[B])$.

Da meist nur wenig Säure/Base dissoziiert, wird für [HA] und [B] die Ausgangskonzentration angenommen.

Beispiele:
▶ 0,5 molare Essigsäure $pK_S = 4,76$;
$pH = 1/2\,(4,76 - \lg 0,5)$
$= 1/2\,(4,76 + 0,3) = 2,5$
▶ 0,02 molare Ammoniak-Lösung
$pK_S = 9,2$, $pK_B = 14 - 9,2 = 4,8$;
$pOH = 1/2\,(4,8 - \lg 0,02) = 3,25$
$pH = 14 - pOH = 14 - 3,25 = 10,75$

Pufferlösungen

Unter Pufferlösungen versteht man Lösungen, deren pH-Wert sich bei Zugabe von Basen oder Säuren nur geringfügig ändert. Sie bestehen aus einer **schwachen Säure und dem Salz ihrer konjugierten Base** bzw. einer **schwachen Base und dem Salz ihrer konjugierten Säure**.

Beispiel:
▶ 0,2 M Acetatpuffer: 0,1 M Natriumacetat (CH_3COONa) + 0,1 M Essigsäure (CH_3COOH)
▶ 1 M Ammoniakpuffer: 0,5 M Ammoniumchlorid (NH_4Cl) + 0,5 M Ammoniak (NH_3)
▶ 0,5 M Phosphatpuffer: 0,25 M Kaliumdihydrogenphosphat (KH_2PO_4) + 0,25 M Natriumhydrogenphosphat (Na_2HPO_4)

Dabei fängt die Säure zugefügte OH^--Ionen, die Base zugefügte H_3O^+-Ionen ab, wodurch der pH-Wert der Lösung stabil bleibt.

Puffer-Gleichung

Um den pH-Wert eines Puffers errechnen zu können, müssen wir wieder vom Protolysegleichgewicht ausgehen:

$K_S = \dfrac{[H_3O^+] \times [A^-]}{[HA]}$ und

$K_B = [BH^+] \times [OH^-]/[B]$

Aufgelöst nach $[H_3O^+]$ bzw. $[OH^-]$ ergibt sich:

$[H_3O^+] = \dfrac{K_S \times [HA]}{[A^-]}$ und

$[OH^-] = K_B \times [B]/[BH^+]$

Nach Bildung des negativen dekadischen Logarithmus ergibt sich die

Henderson-Hasselbalch-Gleichung = Puffer-Gleichung:

$$pH = \frac{pK_S + \lg [\text{konjugierte Base}]}{[\text{Säure}]}$$

$$pOH = \frac{pK_B + \lg [\text{konjugierte Säure}]}{[\text{Base}]}$$

Da sowohl die Säure als auch die Base nur wenig dissoziieren, kann ihre Konzentration der Anfangskonzentration gleichgesetzt werden. Das Salz hingegen dissoziiert vollständig, so dass die Konzentration der konjugierten Säure/Base der Salzkonzentration gleichgesetzt wird. Die pH-Werte der obigen Beispiele wären dann:
▶ 0,2 M Acetatpuffer:
   0,1 M Natriumacetat (CH_3COONa)
   +0,1 M Essigsäure (CH_3COOH)
   Essigsäure $pK_S = 4{,}76$
   $pH = pK_S + \lg [\text{konjugierte Base}]/[\text{Säure}]$
   $pH = 4{,}76 + \lg 0{,}1/0{,}1$
   $= 4{,}76 + \lg 1 = 4{,}76$
▶ 1 M Ammoniakpuffer:
   0,5 M Ammoniumchlorid (NH_4Cl) +
   0,5 M Ammoniak (NH_3), $pK_B = 4{,}8$
   $pOH = pK_B + \lg [\text{konjugierte Säure}]/[\text{Base}]$
   $pOH = 4{,}8 + \lg 0{,}5/0{,}5 = 4{,}8$
   $pH = 14 - pOH = 14 - 4{,}8 = 9{,}2$

Sofern die Konzentrationen von Salz und Säure/Base einander entsprechen, ist der pH-Wert gleich dem pK_S-Wert, da $\lg 1 = 0$ ist, dann gilt $pH = pK_S + 0$. Erst wenn Salz und Säure in unterschiedlichen Konzentrationen vorliegen, verändert sich der pH-Wert.

Pufferkapazität

Die **Pufferkapazität** gibt an, wie viel ein Puffer an Säure/Base „abfangen" kann, ohne dass sich der pH-Wert ändert. Dabei hängt sie von der **Konzentration der Pufferlösung** ab. Der Puffer ist so lange wirksam, bis die gesamte schwache Säure durch die Zugabe einer Base (OH^-) zur konjugierten Base geworden ist. Weitere OH^--Ionen können dann nicht mehr abgepuffert werden, und die Lösung wird basisch (der pH-Wert verändert sich). Oder aber die konjugierte Base wird durch die Zugabe einer Säure (H_3O^+) zur schwachen Säure umgewandelt. Auch hier ändert sich der pH-Wert, wenn die konjugierte Base verbraucht ist und weiter H_3O^+-Ionen zugefügt werden:
▶ $CH_3COOH + OH^- \leftrightarrows CH_3COO^- + H_2O$
▶ $CH_3COO^- + H_3O^+ \leftrightarrows CH_3COOH + H_2O$

Je mehr ursprünglich von der schwachen Säure/konjugierten Base vorhanden war, umso mehr kann auch abgefangen werden.
Die größte Pufferkapazität haben Pufferlösungen, wenn ihr pH-Wert gleich dem pK_S-Wert ist, da an diesem Punkt äquimolare (gleichen) Mengen an Säure/Base und konjugierter Base/Säure vorliegen.

Rechnen mit Puffern

Gibt man 0,2 M Salzsäure in Wasser, so sinkt der pH-Wert von 7 auf 0,7 ab:
$pH = -\lg[H_3O^+] = -\lg 0{,}2 = 0{,}7$
Gibt man hingegen 0,2 m Salzsäure in 2 M Ammoniakpuffer (1 M Ammoniumchlorid (NH_4Cl) + 1 M Ammoniak (NH_3)), so sinkt der pH von 9,2 auf 9,0:
$NH_3 + H_3O^+ \leftrightarrows NH_4^+ + H_2O$
Daraus folgt: $[NH_3]$ sinkt um 0,2 mol/l auf 0,8 mol/l und $[NH_4^+]$ steigt um 0,2 mol/l auf 1,2 mol/l
Daraus ergibt sich für den pH-Wert:
$pH = 14 - pOH = 14 - (4{,}8 + \lg 1{,}2/0{,}8) = 9{,}0$

pH-Werte von Salzlösungen

Beim Lösen von Salzen in Wasser entstehen Ionen. Dieser Vorgang wird als **Hydrolyse** bezeichnet. Die Lösungen von Salzen können neutral, sauer oder basisch sein. Was davon eintritt, hängt von den Bestandteilen des Salzes ab:
▶ Ein Salz bestehend aus einer **starken Säure** und einer **starken Base** reagiert **neutral**:
NaCl (Kochsalz: HCl & NaOH), Na_2SO_4 (Natriumsulfat: NaOH & H_2SO_4)
▶ Ein Salz bestehend aus einer **schwachen Säure** und einer **schwachen Base** reagiert **neutral**:
NH_4HCO_3 (Ammoniumhydrogencarbonat: NH_3 & H_2CO_3)
▶ Ein Salz bestehend aus einer **starken Säure** und einer **schwachen Base** reagiert **sauer**:
NH_4Cl (Ammoniumchlorid: NH_3 & HCl)
▶ Ein Salz bestehend aus einer **schwachen Säure** und einer **starken Base** reagiert **basisch**:
Na_2CO_3 (Natriumcarbonat: NaOH & H_2CO_3), CH_3COONa (Natriumacetat: NaOH & CH_3COOH)

Zusammenfassung

✖ Die **Säure/Basen-Konstante (K_S/K_B-Wert)** gibt die Stärke einer Säure bzw. Base wieder. Dabei gilt, je größer K_S bzw. K_B ist, desto stärker ist die Säure/Base.

✖ Der **pK_S/pK_B-Wert** ist der negative dekadische Logarithmus des K_S/K_B-Wertes. Für ihn gilt: je größer der pK_S/pK_B-Wert, desto schwächer ist eine Säure/Base.

✖ Zwischen dem pK_S/pK_B-Wert eines konjugierenden Säure/Base-Paares besteht folgender Zusammenhang: $pK_S + pK_B = 14$.

✖ Der **pH-Wert starker Säuren/Basen** errechnet sich aus der Ausgangskonzentration der Säure/Base, da diese vollständig dissoziieren.

✖ Der pH-Wert schwacher Säuren/Basen errechnet sich nach:
  $pH = 1/2\,(pK_S - \lg[HA])$ und $pOH = 1/2\,(pK_B - \lg[B])$.

✖ Den pH-Wert einer Pufferlösung errechnet man mittels der **Henderson-Hasselbalch-Gleichung**: $pH = pK_S + \lg [\text{konjugierte Base}]/[\text{Säure}]$

✖ Unter **Neutralisation** versteht man die Reaktion von H_3O^+ mit OH^- zu $2\,H_2O$.

Oxidation und Reduktion I

Redoxreaktionen

Elektronenübertragung

Redoxreaktionen bestehen aus zwei Teilreaktionen:
- einer **Oxidation**, in der ein Stoff **Elektronen abgibt**, und
- einer **Reduktion**, in der ein Stoff die abgegebenen **Elektronen aufnimmt**.

Daher wird der eine Stoff auch **Elektronendonator** (rot) und der andere **Elektronenakzeptor** (grün) genannt.
- $2\,Hg \rightarrow 2\,Hg^{2+} + 4\,e^-$ Oxidation/ Elektronendonator
- $O_2 + 4\,e^- \rightarrow 2\,O^{2-}$ Reduktion/ Elektronenakzeptor
- $2\,Hg + O_2 \rightarrow 2\,HgO$ Redoxreaktion

Elektronen kommen nicht frei ohne Atome bzw. Stoff vor. Sie müssen bei den Reaktionen von einem Stoff abgegeben und von einem anderen aufgenommen werden. Gibt nun ein **Elektronendonator** ein Elektron an einen anderen Stoff ab, so induziert er eine Reduktion (Elektronenaufnahme) bei dem Stoff. Der Elektronendonator wird daher auch als **Reduktionsmittel** bezeichnet. Umgekehrt induziert ein **Elektronenakzeptor** eine Oxidation (Elektronenabgabe) bei dem anderen Stoff und wird somit **Oxidationsmittel** genannt.
Die Summe der abgegebenen Elektronen entspricht immer der Summe der aufgenommenen Elektronen.

> Elektronendonator gibt Elektronen ab = **Reduktionsmittel** = wird selbst oxidiert.
> Elektronenakzeptor nimmt Elektronen auf = **Oxidationsmittel** = wird selbst reduziert.

Oxidation und Reduktion treten nie allein, sondern immer in Kombination auf. Dabei gibt es ähnlich wie bei den Säuren/Basen **konjugierte Redoxpaare**:
- Hg/Hg^{2+}: Hg^{2+} ist das konjugierte Oxidationsmittel zum Reduktionsmittel Hg.
- O_2/O^{2-}: O^{2-} ist das konjugierte Reduktionsmittelmittel zum Oxidationsmittel O_2.

Wie bei den Säuren/Basen kennzeichnet Oxidationsmittel/Reduktionsmittel keinen Stoff, sondern eine Funktion; z. B. kann Eisen einmal Oxidations- und einmal Reduktionsmittel sein:

- Eisen rostet:
  $4\,Fe \rightarrow 4\,Fe^{3+} + 12\,e^-$
  $3\,O_2 + 12\,e^- \rightarrow 6\,O^{2-}$
  $4\,Fe + 3\,O_2 \rightarrow 2\,Fe_2O_3$
- Eisengewinnung:
  $2\,Fe^{3+}\,6\,e^- \rightarrow 2\,Fe$
  $3\,CO \rightarrow 3\,CO_2 + 6\,e^-$
  $2\,Fe_2O_3 + 3\,CO \rightarrow 2\,Fe + 3\,CO_2$

Welche Funktion ein Stoff annimmt, hängt von seinem Reaktionspartner ab. Die Elektronen fließen immer vom Stoff mit der höheren zum Stoff mit der niedrigeren Elektronendonatorstärke.

Oxidationszahlen

Wasserstoff reagiert in der Knallgasreaktion mit Sauerstoff zu Wasser:
$2\,H_2 + O_2 \rightarrow 2\,H_2O$
Auch bei dieser Reaktion handelt es sich um eine Redoxreaktion, obwohl eigentlich gar keine Elektronen übertragen werden. Hier liegt schließlich eine Atom- und keine Ionenbindung vor. Dennoch ist es möglich, die Reaktion in Oxidation und Reduktion zu zerlegen. Die „Ionen" erhalten dabei eine formale Ladung, die **Oxidationszahl**, **Wertigkeit** oder **Oxidationsstufe**. Geschrieben wird sie als römische Ziffer mit vorangestellter Ladung über dem Elementsymbol. Gleichzeitig verwendet man sie auch für die tatsächliche Ladung von Ionen (Na^+, Mg^{2+}, Cl^-, Fe^{3+}, S^{2-}). Auch Moleküle und Atome von **Elementen** (Na, K, Mg, Al, O_2, H_2, Cl_2) haben eine Oxidationszahl. Sie hat den Wert **Null**.
- $2\,H_2 \rightarrow 4\,H^+ + 4\,e^-$
- $O_2 + 4\,e^- \rightarrow 2\,O^{2-}$
- $2\,H_2 + O_2 \rightarrow 2\,H_2O$

Sauerstoff erhält in der Regel die **Oxidationszahl −II** und **Wasserstoff +I**. Die Oxidationszahl eines Elementes einer komplexeren Verbindung ergibt sich aus der Summe der restlichen Oxidationszahlen. Zusammen müssen sie Null bzw. die Ladung des Moleküls ergeben:
$\overset{-III}{N}\overset{+I}{H_3}$, $\overset{+II}{C}\overset{-II}{O}$, $\overset{+IV}{C}\overset{-II}{O_2}$, $\overset{+I}{H_2}\overset{-II}{S}$, $\overset{+II}{Mg}\overset{-I}{Cl_2}$, $\overset{+III}{N}\overset{-II}{O_2^-}$, $\overset{+V}{N}\overset{-II}{O_3^-}$, $\overset{-IV}{C}\overset{+I}{H_4}$, $\overset{+I}{H}\overset{+V}{P}\overset{-II}{O_4^{2-}}$, $\overset{+VI}{S}\overset{-II}{O_4^{2-}}$, $\overset{+VII}{Mn}\overset{-II}{O_4^-}$

Es zeigt sich, dass ein Element verschiedene Oxidationszahlen (OZ) annehmen kann. Welche es annimmt, hängt von seinen Verbindungspartnern ab.
Organische Kohlenwasserstoffe: Auch hierbei erhält H die OZ +I, da es sein Elektron innerhalb einer gemeinsamen Atombindung abgibt und O −II, da es beide Elektronen aus einer Atombindung an sich zieht. Die Atombindung zwischen zwei C-Atomen wird hingegen 1:1 aufgeteilt:
- C1: $3 \times \oplus +1 \times 0 = +III$
  = drei zusätzliche Elektronen = −III
- C2: $2 \times \oplus +1 \times 0 − 1 \times \ominus = +I$
  = ein zusätzliches Elektron = −I

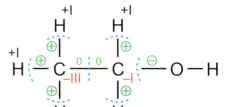

Redoxgleichungen
Vorgehen
- 1. Ermittlung der **Oxidationszahl** aller beteiligten Atome. Daraus ergibt sich die übertragene Elektronenanzahl. Das Teilchen, bei dem sich die Oxidationszahl erhöht, wurde oxidiert, und das Teilchen, wo sich die Oxidationszahl erniedrigt, wurde reduziert.
- 2. Aufstellen der **Teilreaktionen**. Gegebenenfalls müssen die Bestandteile der Lösung (H_2O, H^+, OH^-) miteinbezogen werden.
- 3. **Anpassen** der Reaktionen aneinander, damit die abgegebenen Elektronen den aufgenommenen entsprechen.
- 4. Zusammenfassen zu einer **Gesamtreaktion**.

Beispiel 1
Natrium reagiert mit Kupfersulfatlösung zu elementarem Kupfer und Natriumsulfat:
- 1. Oxidationszahlen:
$\overset{0}{Na}$, $\overset{+II}{Cu}\overset{+VI}{S}\overset{-II}{O_4}$, $\overset{0}{Cu}$, $\overset{+I}{Na_2}\overset{+VI}{S}\overset{-II}{O_4}$
- 2. Teilreaktionen:
Oxidation: $Na \rightarrow Na^+ + e^-$;
Reduktion: $Cu^{2+} + 2\,e^- \rightarrow Cu$
- 3. **Anpassen**: Die Oxidation muss mit 2 multipliziert werden, damit sich die Elektronen ausgleichen: $2\,Na \rightarrow 2\,Na^+ + 2\,e^-$
- 4. **Gesamtreaktion**:
$2\,Na + CuSO_4 \rightarrow Cu + Na_2SO_4$

Beispiel 2

Bei der Ansäuerung einer Kaliumpermanganatlösung mit Salzsäure entstehen Chlorgas und Manganionen:

▶ **1. Oxidationszahlen:**
$KMnO_4 \rightarrow K^+ + MnO_4^-$,
$HCl \rightarrow H^+ + Cl^-$, Mn^{2+}, Cl_2

▶ **2. Teilreaktionen:**
Oxidation: $2\ Cl^- \rightarrow Cl_2 + 2\ e^-$;
Reduktion: $MnO_4^- + 5\ e^- + 8\ H_3O^+ \rightarrow Mn^{2+} + 12\ H_2O$

▶ **3. Anpassen:** Die Oxidation muss mit 5 und die Reduktion mit 2 multipliziert werden: $10\ Cl^- \rightarrow 5\ Cl_2 + 10\ e^-$;
Reduktion: $2\ MnO_4^- + 10e^- + 16\ H_3O^+ \rightarrow 2\ Mn^{2+} + 24\ H_2O$

▶ **4. Gesamtreaktion:** $10\ Cl^- + 2\ MnO_4^- + 16\ H_3O^+ \rightarrow 5\ Cl_2 + 2\ Mn^{2+} + 24\ H_2O$

Beispiel 3

Kaliumpermanganat reagiert in Gegenwart von schwefelsaurer wässriger Lösung mit Eisen(II)sulfat zu Mangansulfat, Eisen(III)sulfat, Kaliumsulfat und Wasser.

▶ **1. Oxidationszahlen:** $KMnO_4 \rightarrow K^+ + MnO_4^-$, $FeSO_4 \rightarrow Fe^{2+} + SO_4^{2-}$, H_2SO_4, $MnSO_4$, $Fe_2(SO_4)_3$, K_2SO_4

▶ **2. Teilreaktionen:** Reduktion: $MnO_4^- + 5\ e^- + 8\ H_3O^+ \rightarrow Mn^{2+} + 12\ H_2O$. Danach lagern sich die Manganionen mit den Sulfationen zusammen $\rightarrow MnSO_4$. Oxidation: $Fe^{2+} \rightarrow Fe^{3+} + 1\ e^-$.

▶ **3. Anpassen:** Die Oxidation muss zum Ausgleich mit 5 multipliziert werden: $5\ Fe^{2+} \rightarrow 5\ Fe^{3+} + 5\ e^-$ Die Eisenionen verbinden sich ebenfalls mit den Sulfationen $\rightarrow 2\ ½\ Fe_2(SO_4)_3$. Da diese Verbindung eine gerade Anzahl an Eisenatomen erfordert, müssen sowohl die Reduktion als auch die Oxidation noch einmal mit 2 multipliziert werden.

▶ **4. Gesamtreaktion:** $2\ KMnO_4 + 10\ FeSO_4 + 8\ H_2SO_4 + 8\ H_2O \rightarrow 2\ MnSO_4 + 5\ Fe_2(SO_4)_3 + K_2SO_4 + 24\ H_2O$. Dabei kürzen sich die 8 und 24 H_2O weg, da sie beidseits der Gleichung stehen:
$2\ KMnO_4 + 10\ FeSO_4 + 8\ H_2SO_4 \rightarrow 2\ MnSO_4 + 5\ Fe_2(SO_4)_3 + K_2SO_4 + 16\ H_2O$.

Korrosion

Unter Korrosion versteht man die Zerstörung eines Metalls, die von dessen Oberfläche ausgeht. Dabei wird nach der Ursache unterschieden: Die häufigsten sind die **Sauerstoffkorrosion, Wasserstoffkorrosion = Säurekorrosion** und die **Kontaktkorrosion**. Bei allen handelt es sich um Redoxreaktionen.

Sauerstoffkorrosion

Lässt man Eisen im Freien liegen, so rostet dieses durch den Sauerstoff und die Luftfeuchtigkeit. Es entsteht dabei aus elementarem Eisen über Eisen(II)hydroxid und Eisen(III)hydroxid das Eisen(III)hydroxidoxid $(2FeO(OH)_2) = $ **Rost** und aus dem Sauerstoff über Hydroxidionen Wasser. Folglich laufen zwei Redoxreaktionen ab:

Reaktion 1

▶ 1. Fe, O_2, $Fe(OH)_2$
▶ 2. Oxidation: $Fe \rightarrow Fe^{2+} + 2\ e^-$
Reduktion: $O_2 + 2\ H_2O + 4\ e^- \rightarrow 4\ OH^-$
▶ 3. Die Oxidation muss zum Ausgleich mit 2 multipliziert werden:
$2\ Fe \rightarrow 2\ Fe^{2+} + 4\ e^-$
▶ 4. Die Hydroxidionen reagieren mit den Eisenionen weiter zu schwerlöslichem Eisen(II)hydroxid. Gesamtreaktion:
$2\ Fe + O_2 + 2\ H_2O \rightarrow 2\ Fe(OH)_2$

Reaktion 2

▶ 1. $Fe(OH)_2$, O_2, $Fe(OH)_3$
▶ 2. Oxidation: $Fe^{2+} \rightarrow Fe^{3+} + 1e^-$
Reduktion: $O_2 + 2\ H_2O + 4\ e^- \rightarrow 4\ OH^-$
▶ 3. Die Oxidation muss zum Ausgleich mit 2 multipliziert werden:
$2\ Fe^{2+} \rightarrow 2\ Fe^{3+} + 2\ e^-$
▶ 4. Gesamtreaktion: $2\ Fe(OH)_2 + O_2 + 2\ H_2O \rightarrow 2\ Fe(OH)_3$. Zum „Rost" reagiert das Eisen(III)hydroxid weiter. Dies ist jedoch keine Redoxreaktion mehr, sondern eine Art „Wasserabspaltung":
$2\ Fe(OH)_3 \rightarrow 2\ FeO(OH)_2 + H_2O$

Säurekorrosion

Wird ein Eisennagel in Salzsäure gelegt, so löst dieser sich auf. Wasserstoff entsteht. Die Redoxreaktion lautet:

▶ 1. Fe, H^+, H_2, Fe^{2+}
▶ 2. Oxidation: $Fe \rightarrow Fe^{2+} + 2\ e^-$
Reduktion: $2\ H_3O^+ + 2\ e^- \rightarrow H_2 + 2\ H_2O$
▶ 3. Gesamtreaktion: $Fe + 2\ H_3O^+ \rightarrow Fe^{2+} + H_2 + 2\ H_2O$

Ein Goldnagel würde sich hingegen nicht auflösen, da sein Bestreben, Elektronen abzugeben, geringer ist als das des Wasserstoffs. Eisen dagegen hat ein höheres Bestreben als Wasserstoff, Elektronen abzugeben. Anhand ihres Bestrebens, Elektronen abzugeben, lassen sich die Metalle in einer **Redoxreihe** aufstellen:

▶ $Li > K > Ca > Na > Mg > Al > Zn > Fe > Pb > H > Cu > Ag > Hg > Au$ (Oxidationsneigung fällt von links nach rechts, Gold kann am schwersten oxidiert werden = Elektronen abgeben)
▶ $Li^+ < K^+ < Ca^{2+} < Na^+ < Mg^{2+} < Al^{3+} < Zn^{2+} < Fe^{2+} < Pb^{2+} < H^+ < Cu^{2+} < Ag^+ < Hg^{2+} < Au^{3+}$ (Reduktionsneigung fällt von links nach rechts, Gold zieht am stärksten Elektronen an).

Anhand der Redoxreihe werden die Metalle in Edelmetalle und unedle Metalle eingeteilt. **Edelmetalle** haben eine geringere Neigung, Elektronen abzugeben als Wasserstoff. **Unedle Metalle** geben diese leichter ab. Daher lösen sich unedle Metalle unter Wasserstoffentwicklung in Säuren.

Kontaktkorrosion

Kontaktkorrosion findet dort statt, wo zwei Metalle in direktem Kontakt stehen. Dabei korrodiert das edlere Metall das unedlere Metall (vgl. Redoxreihe). Wird z. B. ein Eisennagel in ein Kupferblech geschlagen, so rostet dieser schneller als an der Luft. Das Kupfer wirkt als Reaktionsbeschleuniger, indem es die Elektronen vom Eisen aufnimmt und an den Sauerstoff weitergibt. Durch die Abgabe „fremder" Elektronen ist es vor der eigenen Korrosion geschützt.

✱ Eine **Redoxreaktion** besteht aus Oxidation und Reduktion. Dabei werden Elektronen vom Reduktionsmittel auf das Oxidationsmittel übertragen.

✱ Die **Oxidationszahl** gibt die Wertigkeit eines Atoms an. Sie ist in der Summe Null oder entspricht der Ladung des Moleküls.

✱ Es gibt drei Arten der **Korrosion**: Sauerstoffkorrosion, Säurekorrosion und Kontaktkorrosion.

Oxidation und Reduktion II

Elektrochemie

Bei Redoxreaktionen „fließen" Elektronen zwischen den beiden Reaktionspartnern. Dieser **Elektronenfluss der chemischen** Reaktion lässt sich in **elektrische Energie** umwandeln. Sie kann als Stromfluss über einen elektrischen Leiter gemessen werden. Dabei geht jedoch ein Teil der chemischen Energie in Form von Wärme verloren:

> Chemische Energie = Elektrische Energie + Wärme

Galvanische Zelle

Mithilfe von Galvanischen Zellen kann chemische in elektrische Energie umgewandelt werden. Das Prinzip beruht auf Redoxreaktionen. Wird ein Zinkstab in eine Kupfersulfatlösung getaucht, so scheidet sich auf seiner Oberfläche elementares Kupfer ab:

▶ $Zn \rightarrow Zn^{2+} + 2\,e^-$
▶ $Cu^{2+} + 2\,e^- \rightarrow Cu$

Es fließt Strom direkt zwischen den Kupferionen und dem Zink. Um ihn messen zu können, werden die Elektroden an ein Messgerät angeschlossen und die Oxidation und die Reduktion räumlich voneinander getrennt. Die Verbindung besteht über einen elektrischen Leiter. Solch ein Aufbau wird **galvanische Zelle** oder **galvanisches Element** genannt. Befindet sich dabei in dem einen Gefäß ein Zinkstab in einer 1-M-Zinksulfatlösung und in dem anderen Gefäß ein Kupferstab in einer 1-M-Kupfersulfatlösung, so nennt man diese galvanische Zelle **Daniell-Element** (▎Abb. 1).
In diesem sind die Lösungen durch eine poröse Membran getrennt, die zwar für Ionen durchlässig ist, aber ein zu schnelles Durchmischen der Lösungen verhindert. Dabei treten in der Zinkhalbzelle Zinkionen aus dem Zinkstab in die Lösung über, während in der Kupferhalbzelle elementares Kupfer aus der Lösung auf den Kupferstab übergeht. Hierdurch wird die Zinklösung positiver, so dass zum Ausgleich Sulfationen aus der Kupferlösung herüberdiffundieren. Durch die im Zinkstab verbleibenden Elektronen lädt sich dieser negativ auf **(Minuspol = Oxidationspol)** und zieht die in der Lösung befindlichen Zinkionen an sich, so dass sich eine **Ladungsdoppelschicht** gleich eines Kondensators ausbildet. In dieser stellt sich ein **Redoxgleichgewicht** zwischen Metallatomen, die in Ionen durch e^--Abgabe übergehen, und Ionen, die durch e^--Aufnahme zu Metallatomen werden, ein: $Me \leftrightarrows Me^{z+} + ze^-$. Damit sind Zn und Zn^{2+} **ein konjugiertes Redoxpaar,** bei dem das Gleichgewicht aufseiten der Ionen liegt. Das Gleiche gilt auch für Kupfer, jedoch liegt hier das Gleichgewicht aufseiten der Kupferatome, so dass der Kupferstab im Vergleich zum Zinkstab weniger negativ ist. Er wird daher als **Pluspol = Reduktionspol** bezeichnet. An der Grenzschicht Ion/Atom bildet sich eine Spannung, das **Redoxpotenzial,** das für jedes konjugierte Redoxpaar eine charakteristische Größe hat.
Infolge dieser unterschiedlich „hohen" Redoxpotenziale (Zinkredoxpotenzial und Kupferredoxpotenzial) besteht zwischen Zink und Kupfer eine **elektrische Potenzialdifferenz,** die sich in einer elektrischen Spannung äußert. Für das Daniell-Element beträgt sie 1,11 Volt.
Werden die Zellen nun über einen Draht miteinander verbunden, so fließen Elektronen vom Zinkstab zum Kupferstab, um die Spannung auszugleichen.

Standardpotenziale und elektrochemische Spannungsreihe

Diese Redoxpotenziale der konjugierten Redoxpaare sind nicht direkt zu messen. Lediglich die Potenzialdifferenz zwischen zwei Halbzellen kann gemessen werden. Um dennoch vergleichbare Werte für die verschiedenen Redoxpotenziale zu erhalten, wird eine **Bezugshalbzelle** verwendet. Diese besteht aus einer Platinelektrode, die in eine 1 M H_3O^+-Lösung getaucht ist und unter Standardbedingungen (1,013 hPa, 25 °C) mit Wasserstoff umspült wird. Dabei bildet sich folgendes konjugiertes Redoxpaar aus:
$2\,H_3O^+ + 2\,e^- \rightarrow H_2 + 2\,H_2O$

▎Abb. 1: Daniell-Element. [2]

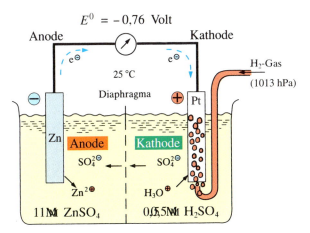

Abb. 2: Normalwasserstoffelektrode in Verbindung mit einer Standard-Zinkelektrode. [2]

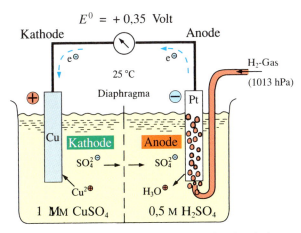

Abb. 3: Normalwasserstoffelektrode in Verbindung mit einer Standard-Kupferelektrode. [2]

Sie wird als **Normalwasserstoffelektrode** bezeichnet und hat definitionsgemäß ein Redoxpotenzial von $E^0_H = 0$ V. Die Potenzialdifferenz zwischen ihr und dem zu messenden Redoxpotenzial ist das **Standardpotenzial E^0**.
Wird die Zinkhalbzelle mit der Normalwasserstoffelektrode in Verbindung gebracht, so fließen die Elektronen von Zink zum Wasserstoff. Es entstehen elementarer Wasserstoff und Zinkionen. Die Potenzialdifferenz erhält ein negatives Vorzeichen: $E^0_{Zn} = -0,76$ V (Abb. 2). Da bei allen **unedlen Metallen** die Elektronen zum Wasserstoff fließen, ist bei ihnen das **Standardpotenzial negativ**.
Bei der Verbindung von der Kupferhalbzelle mit Normalwasserstoffelektrode fließen die Elektronen vom Wasserstoff zum Kupfer. Es entstehen Hydroniumionen und elementares Kupfer. Das Vorzeichen der Potenzialdifferenz wird positiv: $E^0_{Cu} = 0,35$ V (Abb. 3). Da bei allen **edlen Metallen** die Elektronen zum Metall fließen, ist bei ihnen das **Standardpotenzial positiv**.

Demnach lassen sich die Metalle (genauer: jedes Element) innerhalb einer **elektrochemischen Spannungsreihe** anordnen (siehe Tabellen III). Diese entspricht der Redoxreihe. In dieser fließen die Elektronen immer vom Element mit dem negativeren Potenzial zu dem mit dem positiveren Potenzial:
$$\Delta E^0 = E^0_{Reduktionsreaktion} - E^0_{Oxidationsreaktion}$$

▶ Für das Daniell-Element gilt folgende Spannung zwischen den Elektroden:
$\Delta E^0 = E^0_{Cu} - E^0_{Zn} = 0,35$ V $- (-0,76$ V$) = 1,11$ V.
▶ Für ein galvanisches Element mit Silber- und Kupferelektrode ergibt sich eine Spannung von:
$\Delta E^0 = E^0_{Ag} - E^0_{Cu} = 0,8$ V $- 0,35$ V $= 0,45$ V.
▶ Für ein galvanisches Element mit Magnesium- und Bleielektrode ergibt sich eine Spannung von:
$\Delta E^0 = E^0_{Pb} - E^0_{Mg} = -0,13$ V $- (-2,38$ V$) = 2,25$ V.

Ist die Spannung positiv, so läuft die Reaktion freiwillig ab.

Zusammenfassung

✱ Ein **galvanisches Element** besteht aus zwei Halbzellen. Diese bestehen wiederum jeweils aus einem Metallstab, der in eine Lösung gleichnamiger Ionen eingetaucht ist.

✱ Das **Daniell-Element** ist eine galvanische Zelle, bei der die eine Halbzelle aus Zinkstab und Zinksulfatlösung und die andere Halbzelle aus Kupferstab und Kupfersulfatlösung besteht.

✱ Unter dem **Redoxpotenzial** versteht man die Spannung zwischen einem konjugierten Redoxpaar an dessen Grenzschicht.

✱ Für die Ermittlung der **Standardpotenziale E^0** dient eine **Wasserstoff-Normalelektrode** als Bezugshalbzelle. Diese hat definitionsgemäß eine Spannung von $E^0_H = 0$ V.

✱ Aufgrund der Standardpotenziale ergibt sich die **elektrochemische Spannungsreihe** der Metalle.

Komplexchemie

Bisher haben wir drei verschiedene Grundtypen von Bindungen kennengelernt **(Ionen-, Atom- und Metallbindung)**. Sie bilden Verbindungen **erster Ordnung**. Daneben gibt es noch einen weiteren Bindungstyp, die **koordinative Bindung**, die Verbindungen **höherer Ordnung** erzeugt. Zu diesen gehören die **Metallkomplexe**.

Struktur und Bindung

Koordinative Bindung

Metallkomplexe bestehen aus einem **Zentralatom** und **Liganden**, die das Zentralatom umschließen.
Beim Zentralatom handelt es sich meist um ein Metallion, dessen Elektronenschale(n) nicht vollständig besetzt sind. Die Aufnahmefähigkeit und damit die Tendenz zur Ligandenbindung ist vor allem bei den Metallen der Nebengruppenelemente ausgeprägt. Sie haben alle Lücken auf den 3d-Orbitalen und zusätzlich auf der vierten Schale. Die Liganden sind entweder Anionen oder Moleküle, die mindestens ein freies Elektronenpaar zur Verfügung haben. Kommt es nun zwischen dem Zentralatom und dem Liganden zu einer Bindung, so stammen **beide Elektronen vom Liganden** und keines von Zentralatom (Vergleich: bei der Atombindung stammt jeweils ein Elektron von jedem Partner). Daher wird diese Bindung als **koordinative Bindung** bezeichnet.
Sie ist das strukturgebende Element der Metallkomplexe und wird in der chemischen Formel durch eine eckige Klammer gekennzeichnet.
Damit ist die **Komplexbildungsreaktion** eine klassische **Säure-Base-Reaktion nach Lewis**, da die **Zentralatome Elektronenpaar-Akzeptoren** (Lewis-Säure) und die **Liganden Elektronenpaar-Donatoren** (Lewis-Base) darstellen.

▶ Zentralatome: Cu^{2+}, Ag^+, Mg^{2+}, Fe^{2+}, Fe^{3+}, Zn^{2+}
▶ Liganden: Cl^-, H_2O, NH_3, OH^-, CN^-, F^-, CO.

Nomenklatur

Die Nomenklatur der Komplexe erfolgt anhand einer definierten Reihenfolge:

▶ **1. Name des Kations,** dies kann auch der Komplex sein
▶ **2. Anzahl der Liganden** als griechisches Zahlwort (di-, tri-, tetra-, …)
▶ **3. Name der Liganden** in alphabetischer Reihenfolge. Dabei enden Anionen auf -o, während die Namen neutraler Liganden meist nicht verändert werden.
▶ **4. Name des Zentralatoms.** Dieses endet auf -at.
▶ **5. Oxidationszahl des Zentralatoms** in Klammern (I, II, III, …).

Die Oxidationszahl des Zentralatoms wird bestimmt, indem die übrigen Bestandteile der Verbindung miteinander verrechnet werden.
Beispiel: Kalium enthält die Ladung +1, Cyanid die Ladung –1. Verrechnet man diese nun miteinander, so ergibt sich ein Defizit von –2. Da der Komplex jedoch nach außen neutral ist, muss das Eisenteilchen die Ladung +2 bekommen:

▶ $K_4[Fe(CN)_6]$: Kalium-hexa-cyano-ferrat-(II)
▶ $K_3[Fe(CN)_6]$: Kalium-hexa-cyano-ferrat-(III)
▶ $Na_3[Al(F)_6]$: Natrium-hexa-fluoro-aluminat-(III)
▶ $Mg[Fe(Br)_2(CN)_2(H_2O)_2]$: Magnesium-di-aqua-di-bromo-di-cyano-ferrat-(II)
▶ $[Co(NH_3)_6]SO_4$: Hexa-ammin-cobalt-(II)-sulfat
▶ $[CrCl_2(H_2O)]_2$: Di-aqua-di-chloro-chrom-(II)

Geometrie

Die **Anzahl an Liganden,** die an einem Zentralatom gebunden werden kann, wird als **Koordinationszahl** bezeichnet. Wie viele Liganden dabei gebunden werden können, hängt von der Art und Elektronenkonfiguration des Zentralatoms ab. Man kennt Koordinationszahlen zwischen 2 und 12, dabei kommen jedoch 2, 4 und 6 am häufigsten vor. Durch die Koordinationszahl wird auch die räumliche Struktur des Komplexes bestimmt (Tab. 1, Abb. 1).

Reaktionen von Komplexen

Ligandenaustauschreaktion

Ionen, die sich in wässriger Lösung befinden, weisen eine Hydrathülle auf (s. S. 34/35). Diese kann auch als Teil

Koordinations-zahl	Anordnung der Liganden
2	linear
3	trigonal-planar
4	quadratisch-planar oder tetraedrisch
5	quadratisch-pyramidal, trigonal-bipyramidal
6	Oktaeder, trigonales (Anti-)prisma
8	Würfel, quadratisches Antiprisma, Trigondodekaeder
12	Ikosaeder, Kuboktaeder

Tab. 1: Koordinationszahlen mit zugehöriger räumlicher Struktur

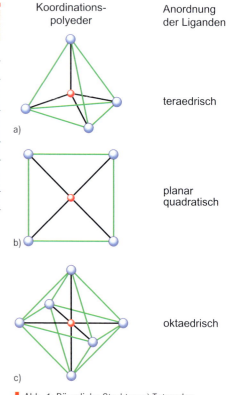

Abb. 1: Räumliche Struktur: a) Tetraeder, b) quadratisch-planar, c) Oktaeder. [1]

eines Komplexes verstanden werden, bei dem das Metallion das Zentralatom darstellt und die **Hydrathülle die Liganden**. Solche Komplexe werden als **Aquokomplexe** bezeichnet. Dabei sind die Wassermoleküle jedoch nur locker mit dem Zentralatom verbunden und können leicht durch andere Liganden verdrängt werden. Dies lässt sich oft an einem Farbumschlag der Lösung festmachen.
Beispiel: Löst man $CoCl_2$ in Wasser, so ergibt dies eine rosafarbene Lösung, in der das Kobaltion als Aquokomplex vorliegt. Wird dann die Konzentration der Chloridionen in der Lösung durch die Zugabe von NaCl erhöht, so färbt sich die Lösung blau. Die Ursache hierfür ist der Ersatz der Wasserliganden durch Chloridliganden. Dies wird als **Ligandenaustauschreaktion** bezeichnet. Gleichzeitig ändern sich damit auch die Koordinationszahl und die Ladung des Komplexes.

$$[Co(H_2O)_6]^{2+} \text{ (rosa)} + 4\ Cl^- \leftrightarrow [CoCl_4]^{2-} \text{ (blau)} + 6\ H_2O$$

Komplexstabilität

Welcher Ligand einen anderen Liganden ersetzen kann, hängt von der Komplexstabilität ab. Diese lässt sich mithilfe des Massenwirkungsgesetzes erfassen:

$$[ZL_n] \leftrightarrows Z + nL. \text{ Daraus folgt: } K_D = \frac{[Z] \times [L]^n}{[ZL_n]}$$

Ist hierbei die **Dissoziationskonstante K_D** besonders klein, so liegt das Gleichgewicht auf der Seite des Komplexes $[ZL_n]$. Der Komplex wird dann als **inert** bezeichnet. Ist K_D hingegen groß, so zerfällt der Komplex leicht. Dabei werden die ursprünglichen Liganden gegen Wassermoleküle ausgetauscht. Der Kehrwert von K_D ist die **Komplexbildungskonstante**. Je größer diese ist, umso stabiler ist ein Komplex.
Liganden können andere Liganden ersetzen, wenn ihre Komplexbildungskonstante größer ist als die des anderen. In unserem Beispiel hat der Tetra-chloro-cobaltat-(II)-Komplex eine größere Komplexbildungskonstante (niedrigere Dissoziationskonstante) als der Hexa-aqua-cobal-(II)-Komplex.

Chelatkomplexe

Die bisherigen Liganden sind immer nur über jeweils eine Bindung an das Zentralatom gebunden. Daneben gibt es aber auch Moleküle, die über mehrere koordinative Bindungen mit dem Zentralatom verbunden sein können. Sie werden als **Chelatoren** bezeichnet und die von ihnen gebildeten Komplexe als **Chelatkomplexe**. Die Anzahl an Bindungen zwischen Ligand und Zentralatom bestimmt die „Zähnigkeit" des Liganden. So gibt es z. B. zweizähnige Liganden wie Ethylendiamin (EN) oder sechszähnige wie EDTA (Ethylendiamintetraessigsäure). Sie alle weisen eine größere Komplexbildungskonstante auf und sind daher stabiler als Komplexe mit einzähnigen Liganden. Ursächlich hierfür ist die **Zunahme der Entropie**. Dies wird als **Chelateffekt** bezeichnet. Beim EDTA werden sechs Liganden durch den Austausch freigesetzt, hingegen nur ein EDTA gebunden, womit die Unordnung im System zunimmt.

Zusammenfassung

- Komplexe bestehen aus einem **Zentralatom (Lewis-Säure)** und den darum befindlichen **Liganden (Lewis-Base)**, die durch die **koordinative Bindung** zusammengehalten werden.
- Bei der **koordinativen Bindung** stammen **beide Bindungselektronen vom Liganden**.
- Die Nomenklatur der Komplexe erfolgt nach einer definierten Reihenfolge.
- Die **Koordinationszahl** gibt die **Anzahl der Liganden** wieder und beschreibt die **räumliche Struktur** des Komplexes.
- Bei einer **Ligandenaustauschreaktion** wird ein Ligand durch einen anderen ersetzt. Welcher dabei wen ersetzt, hängt von der **Komplexstabilität** ab.
- **Chelatkomplexe** weisen **mehrzähnige Liganden** auf und sind stabiler als Komplexe mit einzähnigen Liganden.
- Der **Chelateffekt** beschreibt die **Entropiezunahme** beim Austausch einzähniger Liganden durch mehrzähnige. Auf ihm beruht die hohe Stabilität der Chelatkomplexe.

Trennverfahren

Chromatographie

Die Chromatographie ist ein Verfahren, mit dessen Hilfe homogene Stoffgemische schnell und schonend aufgetrennt werden können. Dabei lassen sich verschiedene Verfahren unterscheiden, die jedoch alle auf den Prinzipien der Adsorption und Verteilung beruhen.

Unter **Adsorption** versteht man das Anheften eines Stoffes an einen anderen. Dies kann über verschiedenste Arten von Wechselwirkungen zwischen den Stoffen geschehen, z. B. hydrophobe Wechselwirkungen, Wasserstoffbrücken oder Ionenbindungen. Dabei wird jedoch nicht alles von einem Stoff gebunden, sondern es bildet sich ein Gleichgewicht zwischen gebundenen und freien Partikel aus, das durch die Eigenschaften des Stoffes (Größe, Ladung) bestimmt wird. Da die Adsorption exotherm verläuft, werden mit steigender Temperatur weniger Teilchen gebunden.

Das andere Prinzip ist die **Verteilung**. Liegt ein Flüssigkeitsgemisch aus zwei Phasen vor, z. B. aus Wasser und dem darauf schwimmenden Heptan, so wird sich dazugegebenes Jod in beiden Phasen zu einem gewissen Teil lösen. Dabei wird das Verhältnis der Löslichkeiten in den beiden Phasen als **Verteilungsquotient** bezeichnet:

Verteilungsquotient von Jod = Konzentration von Jod in Heptan/Konzentration von Jod in Wasser = 5/1.

Jod löst sich folglich besser in Heptan als in Wasser.

Bei der Chromatographie werden Gleichgewichte zwischen zwei Phasen genutzt. Dabei wird zwischen einer **mobilen** und einer **stationären Phase** unterschieden. Bei der mobilen Phase handelt es sich entweder um Flüssigkeiten (**Flüssigkeitschromatographie**) oder um Gase (**Gaschromatographie**), bei der festen Phase um einen Feststoff oder um eine Flüssigkeit, die an einen Feststoff gebunden ist.

Um Stoffgemische aufzutrennen, werden diese zu der mobilen Phase gegeben und das Gemisch nun an der stationären Phase vorbeigeführt. Dabei können die Teilchen des aufzutrennenden Stoffgemisches an der stationären Phase adsorbiert werden. Wie viel eines Stoffes sich in der mobilen bzw. stationären Phase befindet, hängt dabei von seinem Verteilungsquotienten ab.

Gaschromatographie

Bei der Gaschromatographie trennt man Gasgemische oder leicht flüchtige Substanzgemische in ihre einzelnen Bestandteile auf. Der dazu verwendete **Gaschromatograph** besteht aus einer Kapillare, in der sich die stationäre Phase befindet. Sie kann entweder fest (Kieselgel, Aktivkohle) oder flüssig (Fette, Silikonöle) sein. Durch eine Kapillare wird ein **Trägergas** (mobile Phase), dem das Substanzgemisch zugefügt wird, geleitet. Die Auftrennung erfolgt durch die Wechselwirkungen zwischen der stationären Phase und den Stoffen des Gemisches. Dabei werden die Substanzen, die weniger fest an der stationären Phase haften, schneller weitertransportiert und treten früher aus dem Ende der Kapillare aus als die Substanzen, die fester gebunden werden. Am Ende der Kapillare werden sie dann als elektrisches Signal von einem Detektor registriert und mittels Schreiber als **Chromatogramm** aufgezeichnet. Dabei entspricht jedes Signal (Dreiecksfläche = **Peak**) einem Bestandteil des Gemisches, und dessen Fläche unter dem Peak ist proportional zu dem Anteil des Stoffes am Gemisch. Die Identifikation erfolgt über beigefügte Reinstoffe als Vergleichssubstanz.

Papier- und Dünnschichtchromatographie

Bei der Papier- oder Dünnschichtchromatographie wird saugfähiges Papier oder eine dünne Schicht z. B. aus Kieselgel auf einer Kunststoffplatte als stationäre Phase verwendet. Am unteren Ende des Trägers trägt man die zu trennende Substanz auf. Dieses Ende wird nun einige Millimeter tief in eine Flüssigkeit gestellt, die als mobile Phase dient. Dabei wandert die Flüssigkeit aufgrund von **Kapillarkräften** in der stationären Phase nach oben und zieht das Stoffgemisch mit sich. Da jedoch die verschiedenen Stoffe des Gemisches unterschiedliche Wechselwirkungen mit der stationären Phase haben, trennt sich das Gemisch auf (❙ Abb. 1). Zur Identifikation der Stoffe dienen mit aufgetragene Reinstoffe als Vergleichsubstanzen. Dabei ist die **Wanderungsgeschwindigkeit** für einen bestimmten Stoff charakteristisch. Diese lässt sich durch den R_f-**Wert** beschreiben:

R_f = Laufstrecke der Substanz/Laufstrecke der mobilen Phase.

Säulenchromatographie

Bei der Säulenchromatographie füllt man einen Zylinder (**Trennsäule**) mit der stationären Phase (z. B. Kieselgel) auf. Das zu trennende Substanzgemisch wird im Fließmittel gelöst und der Säule am oberen Pol zugefügt. Anschließend wird die Säule kontinuierlich mit Fließmittel (mobile Phase) überschüttet, so dass dieses nach unten hin durchsickert. Dabei trägt

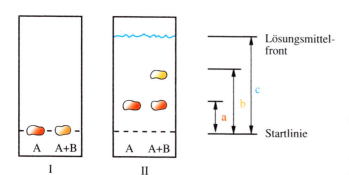

❙ Abb. 1: Schematische Zeichnung eines Dünnschichtchromatogramms (DC). (I) Reiner Stoff A und Stoffgemisch sind an der Startlinie aufgetragen. (II) Nach der Entwicklung des DC: a = Laufstrecke von Stoff a, b = Laufstrecke von Stoff B, c = Laufstrecke des Fließmittels, R_f-Wert für A: a/c, R_f-Wert für B: b/c. [2]

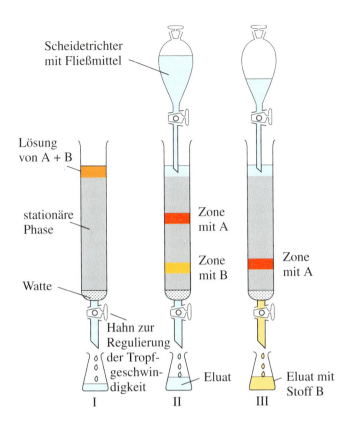

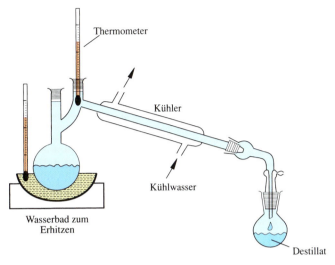

Abb. 3: Einfache Destillationsapparatur. [2]

Abb. 2 (links): Stofftrennung durch Säulenchromatographie (SC) [1].
I: Stoffgemisch A/B, im Fließmittel gelöst, wird auf die stationäre Phase (in der Glassäule) aufgegeben. II: Mit dem Fließmittel (= Elutionsmittel) wird nachgewaschen, A und B trennen sich bei der Wanderung durch die Säule. III: B ist mit dem Elutionsmittel aus der Säule herausgetropft und befindet sich im Eluat. [2]

die mobile Phase die Stoffe des Gemisches mit sich. Gemeinsam treten sie als **Eluat** am Ende der Säule aus (Abb. 2). Wann dabei ein Stoff austritt, hängt wiederum von seiner Adsorptionsfähigkeit zur stationären Phase ab. Bindet der Stoff fester, so tritt er folglich auch erst später im Eluat auf. Hier kann er dann mittels Nachweisreaktionen identifiziert werden.

Gelchromatographie
Bei der Gelchromatographie verwendet man als stationäre Phase einen **porösen Träger,** in den sowohl die mobile Phase als auch die Stoffe des Gemisches eindringen können. Je kleiner dabei Stoffe sind, desto leichter dringen sie in die Poren ein und werden hier festgehalten. Folglich wandern Stoffe mit einer hohen Molekülgröße schneller weiter als kleinere. Die Auftrennung erfolgt anhand der **Molekülgröße.**

Destillation

Um **Flüssigkeitsgemische** zu trennen, eignet sich die Destillation. Hierunter versteht man ein Verfahren, das sich die **verschiedenen Siedetemperaturen** von Flüssigkeiten innerhalb eines Gemisches zunutze macht (Abb. 3). Das bekannteste Destillationsverfahren ist die **fraktionierte Destillation,** wie sie in der Brandweinherstellung verwendet wird. Betrachten wir Weißwein, so besteht dieser zu ca. 10% aus Ethanol und 90% aus Wasser. Da Ethanol schon bei 78 °C siedet und Wasser bei 100 °C, ergibt sich für das Gemisch ein Siedepunkt um etwa 87 °C. Erhitzt man den Weißwein, so wird das Ethanol vor dem Wasser verdampfen und folglich in einer höheren Konzentration im Dampf enthalten sein. Kondensiert dieser Dampf durch Abkühlen, enthält die Flüssigkeit danach einen höheren Ethanolanteil. Folglich sinkt auch die Siedetemperatur des Gemisches. Wird dieser Vorgang nun mehrfach wiederholt, so kann ein Flüssigkeitsgemisch mit einem Ethanolanteil von 89% gewonnen werden. Soll zusätzlich noch der Rest an Wasser entfernt werden, so müssen wasserbindende Stoffe wie Kalziumoxid eingesetzt werden.

Zusammenfassung

- Die **Chromatographie** beruht auf den Prinzipien der **Adsorption** und der **Verteilung** eines Stoffes zwischen zwei Phasen. Dabei wird zwischen einer **mobilen** und einer **stationären Phase** unterschieden.
- Zu den chromatographischen Verfahren zählen die **Gaschromatographie, Papier- und Dünnschichtchromatographie, Säulenchromatographie** und die **Gelchromatographie.**
- Zur Auftrennung von Flüssigkeitsgemischen verwendet man die **Destillation.** Hierbei trennen sich Flüssigkeiten anhand ihrer **unterschiedlichen Siedepunkte.**

50	Einführung	70	Organische Reaktionen I
52	Kohlenwasserstoffe I	72	Organische Reaktionen II
54	Kohlenwasserstoffe II	74	Isomerie I
56	Kohlenwasserstoffe III	76	Isomerie II
58	Alkohole, Phenole, Ether	78	Kohlenhydrate I
60	Amine und Thiole	80	Kohlenhydrate II
62	Aldehyde und Ketone	82	Kohlenhydrate III
64	Carbonsäuren	84	Aminosäuren
66	Carbonsäureester	86	Peptide und Proteine
68	Fette und Seifen	88	Nachweisreaktionen

B Organische Chemie

Einführung

Allgemeines

Grundelemente

Die organische Chemie, kurz Organik genannt, stellt neben der Anorganik das andere große Teilgebiet der Chemie dar. Sie beschäftigt sich mit dem Aufbau, den Eigenschaften und der Herstellung von Kohlenstoffverbindungen. In diesem Namen ist auch schon das wichtigste Element der Organik vorhanden, der **Kohlenstoff**. Er stellt das Grundgerüst organischer Verbindungen dar. Neben ihm kommen am häufigsten **Wasserstoff, Sauerstoff** und **Stickstoff** vor. Aus diesen **vier Grundelementen** lassen sich 98% der etwa 19 Millionen bekannten organischen Verbindungen aufbauen. Erst dann kommen weitere Elemente wie **Schwefel, Phosphor** und verschiedene **Metalle.**

Historische Entwicklung

Der Begriff der organischen Chemie wurde im 18. Jahrhundert geprägt. Damals verstand man unter der Organik organische oder organisierte Körper aus der Tier- und Pflanzenwelt. Im Gegensatz dazu beschäftigte sich die Anorganik mit den mineralischen oder unorganisierten Verbindungen, die nicht von den organischen Lebewesen erzeugt werden konnten. Eine Überschneidung zwischen diesen beiden Teilgebieten der Chemie – in dem Sinne, dass organische Substanzen im Labor hergestellt werden könnten – hielt man nicht für möglich. Dies änderte sich erst im Jahre 1828, als es Friedrich Wöhler gelang, **Harnstoff** zu synthetisieren. Er stellte ihn durch Erhitzen von Ammoniumzyanat her.

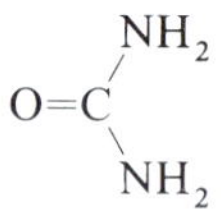

$$O=C \begin{smallmatrix} NH_2 \\ NH_2 \end{smallmatrix} \quad \text{Harnstoff}$$

Heutzutage können viele organische Verbindungen, darunter Aminosäuren, Proteine, Kohlenhydrate und Fette, im Labor erzeugt werden. Selbst DNA und Hormone können synthetisiert werden.

Bindungen des Kohlenstoffs

Die bedeutende Stellung des Kohlenstoffs in der organischen Chemie beruht auf seinen Bindungseigenschaften. Diese wurden bereits ausführlich im Kapitel Bindungstypen III (s. S. 18) besprochen. Durch die **sp^3-Hybridisierung** ist Kohlenstoff in der Lage, **vier Einfachbindungen** (σ-Bindungen) einzugehen. Das einfachste Beispiel ist das Ethan. Dabei nimmt das Molekül die Form eines **Tetraeders** mit einem Bindungswinkel von 109,5° an (Abb. 1a).

Ist der Kohlenstoff hingegen **sp^2-hybrisisiert,** so entstehen **eine Doppelbindung** (eine π-Bindung und eine σ-Bindung) und **zwei Einfachbindungen** wie im Ethen. Dieses Molekül hat eine **trigonal-planare** Struktur mit einem Bindungswinkel von 120° (Abb. 1b).

Zuletzt gibt es noch die **sp-Hybridisierung.** In dieser Hybridisierung kann der Kohlenstoff **eine Dreifachbindung** (zwei π-Bindungen und eine σ-Bindung) und **eine Einfachbindung,** wie im Ethin, eingehen. Das entstehende Molekül ist **linear-planar** mit einem Bindungswinkel von 180° (Abb. 1c).

Alle diese Bindungen sind, sofern sie zwischen zwei Kohlenstoffatomen oder Kohlenstoff und Wasserstoff bestehen, **unpolar.** Sie ermöglichen den Aufbau von Kohlenstoffketten sowie von Ringen.

Daneben gibt es auch die **polaren** Bindungen. Sie entstehen, wenn das Kohlenstoffatom eine Bindung mit einem Atom eingeht, das die gemeinsamen Bindungselektronen auf seine Seite zieht. Dies ist z. B. der Fall bei Bindungen mit Sauerstoff, Stickstoff, Schwefel oder Phosphor. Hier kommt es zu einer **Dipolbildung,** bei der der positive Pol auf das C-Atom und der negative Pol auf den anderen Partner fallen. Wie stark die Polarisierung ist, hängt von der Anzahl an Bindungen zwischen den Atomen ab. So kann Kohlenstoff zum **Sauerstoff** eine **Einfach-** oder eine **Doppelbindung** ausbilden. Da in der Doppelbindung mehr Elektronen zum Sauerstoff hingezogen werden, ist hier der Dipol stärker ausgeprägt (Abb. 2a). Vom Kohlenstoff zum **Stickstoff** können **Einfach-, Doppel-** und **Dreifachbindungen** ausgebildet werden. Auch hier nimmt der Dipolcharakter mit steigender Bindungsanzahl zu (Abb. 2b).

Die Polarisation spielt eine wichtige Rolle für die Reaktionen der organischen Chemie.

a) Tetraeder 109,5° H-C-C-H (Ethan) sp^3-hybridisierte C-Atome

b) trigonal-planar 120° H$_2$C=CH$_2$ sp^2-hybridisierte C-Atome

c) linear-planar 180° H−C≡C−H sp-hybridisierte C-Atome

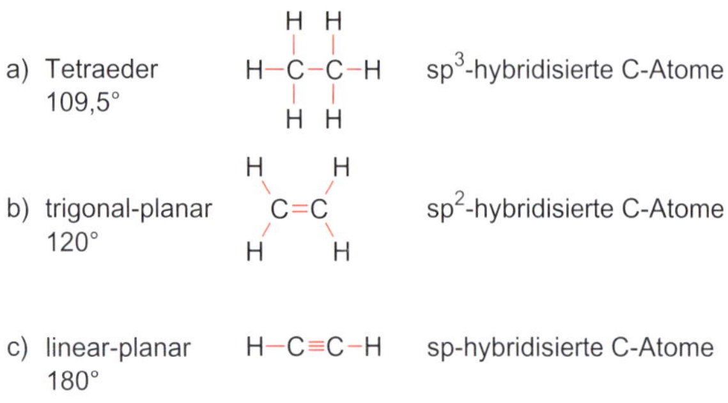

Abb. 1: a) Ethan, b) Ethen, c) Ethin. [1]

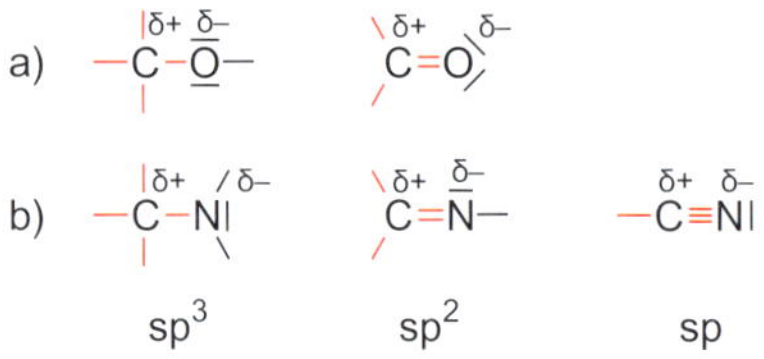

a) −C−O− / C=O sp^3, sp^2

b) −C−N| / C=N− / −C≡N| sp^3, sp^2, sp

Abb. 2: Polarisierte Atombindungen zwischen Kohlenstoff und a) Sauerstoff b) Stickstoff. [1]

Stoffgruppen

Es gibt zwei Möglichkeiten einer systematischen Einteilung der Substanzen in der organischen Chemie:

▶ nach ihrer funktionellen Gruppe
▶ nach ihrem Kohlenstoffgerüst

Einteilung nach der funktionellen Gruppe
1. **ohne funktionelle Gruppe:** Kohlenwasserstoffe
2. **Sauerstoff/Hydroxylverbindungen:**
– a) Alkohole, Phenole, Ether, Ester
– b) Aldehyde, Ketone
– c) Carbonsäuren, Carbonsäureester
3. **Stickstoffverbindungen:**
– a) Amine, Amide
– b) Nitroverbindungen
4. **Schwefelverbindungen:** Thiole
5. **Phosphorverbindungen**
6. **Metallische Verbindungen**

Einteilung nach dem Kohlenstoffgerüst
1. **aliphatische Kohlenwasserstoffe:**
– a) nichtzyklisch: Alkane, Alkene, Alkine
– b) zyklisch: Zykloalkane, Zykloalkene
2. **aromatische Kohlenwasserstoffe:** Benzole = Aromaten
3. **Heterozyklen:** Basen der DNA
4. **biochemische Verbindungen:**
– a) Kohlenhydrate
– b) Aminosäuren, Proteine

Reaktionen

Neben der Redoxreaktion lassen sich noch weitere Reaktionstypen in der Organik definieren. Die einzelnen Reaktionen werden genauer in den Kapiteln Organische Reaktionen I & II beschrieben (s. S. 70–73). Hier findet sich eine kurze Übersicht. Zusätzlich stehen die Reaktionen auch noch in kürzerer Form bei den einzelnen Stoffen.

Additionsreaktionen
Die Additionsreaktion ist eine **Anlagerungsreaktion,** bei der aus zwei Molekülen eines entsteht, ohne dass andere Teilchen abgespalten werden. Sie findet vornehmlich bei Molekülen mit Doppelbindungen **(Alkene, Aldehyde, Ketone)** statt, da die Doppelbindungen gegenüber Einfachbindungen energetisch weniger stabil sind.
Es lassen sich drei Grundtypen von Additionsreaktionen unterscheiden:

▶ **Elektrophile Addition:** Das angelagerte Teilchen ist ein Elektronenpaarakzeptor, da es eine Elektronenlücke auf seiner Valenzschale hat. Es wird durch eine negative Ladung (nukleophil) angezogen, z. B.: Halogene (wie Br_2, Cl_2), Kationen (wie H^+), Lewis-Säuren (wie $AlCl_3$).
▶ **Nukleophile Addition:** Das angelagerte Teilchen ist ein Elektronenpaardonator, da ein freies Elektronenpaar auf seiner Valenzschale liegt. Es wird durch eine positive Ladung (elektrophil) angezogen, z. B.: Anionen (wie Cl^-, F^-), Lewis-Basen (wie NH_3, H_2O, CO).
▶ **Radikalische Addition:** Das angelagerte Teilchen weist ein ungepaartes Elektron auf.

Substitutionsreaktionen
Bei der Substitutionsreaktion ersetzt ein anderes Teilchen einen Teil der Atome im Molekül. Es findet ein Austausch statt. Sie ist der typische Reaktionstyp der **Aromaten.** Auch hier lassen sich drei Grundtypen unterscheiden:

▶ **Elektrophile Substitution:** Das Teilchen reagiert mit Stellen im Molekül, an denen ein Elektronenüberschuss besteht. Die Reaktion ist typisch für die Aromaten.
▶ **Nukleophile Substitution:** Das Teilchen reagiert mit Stellen im Molekül, an denen ein Elektronendefizit besteht.
▶ **Radikalische Substitution:** Das angelagerte Teilchen weist ein ungepaartes Elektron auf.

Eliminierungen
Die Eliminierung stellt in einem gewissen Maße die **Umkehr der Addition** dar. Hier werden aus einem Molekül Atome abgespalten, ohne dass andere Teilchen ihre Position einnehmen. Hierdurch entstehen häufig wieder Doppelbindungen. Sie ist die klassische Reaktion der **Alkane** und **Alkohole.**

Umlagerungen
Bei der Umlagerung tauschen Atome innerhalb eines Moleküls ihre Position. Hierdurch entsteht eine neue chemische Verbindung, die sich von der ursprünglichen zum Teil erheblich unterscheidet.

Zusammenfassung

✱ Die Moleküle der organischen Chemie bestehen hauptsächlich aus den Elementen **Kohlenstoff, Wasserstoff, Sauerstoff** und **Stickstoff**. Daher werden sie auch die **vier Grundelemente** bezeichnet.

✱ Vom Kohlenstoff gibt es drei verschiedene Hybride: **sp^3-, sp^2-** und **sp-Hybride.** Diese unterscheiden sich in ihrer räumlichen Struktur und bestimmen die Bindigkeit des Kohlenstoffs.

✱ Die **Einteilung der organischen Substanzen** erfolgt nach funktionellen Gruppen oder nach dem Kohlenstoffgrundgerüst.

✱ Bei den Reaktionen lassen sich neben der Redoxreaktion noch **Additions-, Substitutionsreaktion, Eliminierungen** und **Umlagerungen** unterscheiden.

Kohlenwasserstoffe I

Die Kohlenwasserstoffe bestehen ausschließlich aus den Elementen Kohlenstoff und Wasserstoff. Daher auch ihr Name. Anhand ihrer Bindungen lassen sie sich einteilen in:

▶ Kohlenwasserstoffe mit **Einfachbindungen: Alkane** (gesättigt),
▶ Kohlenwasserstoffe mit **Doppelbindungen: Alkene** (ungesättigt),
▶ Kohlenwasserstoffe mit **Dreifachbindungen: Alkine** (ungesättigt).

Ist ihre Struktur anstatt ketten- ringförmig, so spricht man von **Zykloalkanen** (gesättigt), **Zykloalkenen** (ungesättigt) und den **Aromaten** (ungesättigt).

Alkane

Aufbau
Alkane bestehen aus linearen oder verzweigten Kohlenstoffketten, in denen **jedes C-Atom** über **vier Einfachbindungen = σ-Bindungen** verfügt. Diese bestehen entweder zu einem H-Atom oder zu einem weiteren C-Atom. Da in den Alkanen nur Einfachbindungen vorkommen, werden sie als **gesättigte** Kohlenwasserstoffe bezeichnet.

Das einfachste Molekül der Alkane ist das **Methan**. In diesem sind alle vier Bindungen mit H-Atomen besetzt. Jede dieser CH-Bindungen ist dabei eine Überlappung zwischen dem sp^3-Hybridorbital des Kohlenstoffatoms und dem 1s-Orbital des Wasserstoffatoms. Da alle vier Bindungen des C-Atoms σ-Bindungen sind, hat das Methanmolekül die räumliche Struktur eines Tetraeders.

Fügt man dem Methan eine weitere **CH_2-Gruppe = Methylengruppe** hinzu, so ergibt sich **Ethan**. Die dabei entstehende C-C-Bindung ist eine Überlappung zweier sp^3-Hybridorbitale. Auch sie ist eine σ-Bindung, so dass das Ethanmolekül die räumliche Struktur zweier sich überlappender Tetraeder besitzt.

Wird erneut eine CH_2-Gruppe hinzugefügt, erhält man **Propan**.

> Die homologe Reihe der Alkane (Tab. 1) ergibt sich formal durch den Einbau von Methylengruppen = $-CH_2-$. Ihre allgemeine Molekülformel lautet: C_nH_{2n+2}.

Methan   Ethan   Propan

Isomerie
Ab Butan (C_4H_{10}) sind zwei räumliche Strukturen denkbar: **n-Butan** und **Isobutan**. Die Kohlenwasserstoffkette kann linear oder verzweigt sein. Daher reicht die **Summenformel** nicht mehr aus, um den Stoff exakt zu beschreiben. Die **Strukturformel** hingegen gibt den räumlichen Bau wieder und liefert damit eine exaktere Beschreibung. Weisen zwei Stoffe die gleiche Summenformel, aber unterschiedliche Strukturformeln auf, so werden sie **Konstitutionsisomere** genannt. n-Butan und Isobutan sind also Konstitutionsisomere.

linear   verzweigt
n-Butan   Isobutan
                 = 2-Methyl-propan
C_4H_{10} C_4H_{10}

Je länger die Kohlenstoffkette wird, desto mehr Möglichkeiten des Molekülaufbaus gibt es (Tab. 1).

Nomenklatur
Das Suffix der Alkane ist **-an**. Um die Stoffe in der Namensgebung genau zu beschreiben, werden die Nomenklaturregeln der IUPAC (**I**nternational **U**nion of **p**ure and **a**pplied **C**hemistry) verwendet:

1. Ermittlung der **längsten Kette = Hauptkette**. Nach ihr wird das Molekül benannt. Ihr Name steht dabei am Ende des Gesamtnamens.
2. Die Hauptkette wird so durchnummeriert, dass ihre Verknüpfungsstellen eine möglichst kleine Zahl erhalten.
3. Benennen der **Nebenketten = Alkylgruppen**:
$-CH_3$ = Methyl, $-CH_2-CH_3$ = Ethyl, $-CH_2-CH_2-CH_3$ = Propyl. Dabei leiten sich die Bezeichnungen vom Namen des Alkans ab. Ihrem Namen wird ihre Position in der Hauptkette vorangestellt.
4. Zweigen mehrere gleiche Alkylketten von der Hauptkette ab, so wird dem Alkylgruppennamen ein entsprechendes griechisches Zahlwort vorangestellt, und ihre Positionen werden in aufsteigender Reihenfolge notiert.
5. Die Alkylketten werden alphabetisch sortiert, dabei werden die griechischen Zahlwörter mitberücksichtigt.

5-Ethyl-2,2,4-tri-methyl-heptan

Eigenschaften

Der **Siedepunkt** der Alkane **steigt mit zunehmender Länge an** (Tab. 1). So sind die Alkane bis C_4 bei Raumtemperatur gasförmig, bis C_{20} flüssig und darüber hinaus fest. Die Ursache liegt in den mit der Moleküllänge steigenden intermolekularen Kräften. Je länger die Moleküle, umso größer werden sie und umso mehr Energie wird benötigt, um die einzelnen Molekülbestandteile voneinander zu trennen. Somit steigt der Siedepunkt.

Da die Alkane **unpolar** sind, sind ihre intermolekularen Kräfte schwach. Es handelt sich ausschließlich um **Van-der-Waals-Kräfte**. Dies erklärt, warum Wasser bei ähnlicher Größe im Vergleich zum Methan einen weitaus höheren Siedepunkt hat. Hier wirken Wasserstoffbrückenbindungen.

Da die Alkane unpolar sind, ist ihre **Löslichkeit** in Wasser schlecht und in Fetten gut. Sie sind also **lipophil** und **hydrophob**.

Reaktionen

Insgesamt sind Alkane nur **wenig reaktiv,** da sowohl die C-H- als auch die C-C-Bindungen recht stabil sind und nicht so einfach „gebrochen" werden können. Ebenso können die Alkane keine Additionsreaktionen eingehen, da sie nicht über Doppelbindungen verfügen. Es fehlen ihnen auch weitere funktionelle Gruppen für Reaktionen. Substitutionsreaktionen sind dagegen möglich, da die C-Atome Oxidationszahlen bis -IV (Methan) aufweisen und daher stark anziehend auf jene Teilchen wirken, die über ein ungepaartes Elektron (Radikal) verfügen. Insbesondere spielt die **radikalische Substitution** eine Rolle. Durch sie entstehen die **Halogenalkane** (siehe Kohlenwasserstoffe III).

Ein weiterer Reaktionstyp ist die **Verbrennung**. Bei dieser handelt es sich um eine Oxidation in Verbindung mit Sauerstoff. Es entstehen CO_2 und Wasser. Dabei steigt die Oxidationszahl des Kohlenstoffs von –IV auf +IV, und die vom Sauerstoff fällt von 0 auf –II.

▶ $CH_4 + 2\, O_2 \rightarrow CO_2 + 2\, H_2O$
▶ $2\, C_8H_{18} + 25\, O_2 \rightarrow 16\, CO_2 + 18\, H_2O$
▶ Allgemein: $2\, C_nH_{2n+2} + (3n+1)\, O_2 \rightarrow 2n\, CO_2 + (2n+2)\, H_2O$

Da die Reaktionsenthalpie stark negativ ist, wird bei der Verbrennung viel Wärme freigesetzt.

C-Atome	Name	Summenformel	Siedepunkt	Anzahl Isomere
1	Methan	CH_4	−162 °C	1
2	Ethan	C_2H_6	−89 °C	1
3	Propan	C_3H_8	−42 °C	1
4	n-Butan	C_4H_{10}	0 °C	2
5	n-Pentan	C_5H_{12}	+36 °C	3
6	n-Hexan	C_6H_{14}	+69 °C	5
7	n-Heptan	C_7H_{16}	+98 °C	9
8	n-Oktan	C_8H_{18}	+126 °C	18
9	n-Nonan	C_9H_{20}	+151 °C	35
10	n-Decan	$C_{10}H_{22}$	+174 °C	75

Tab. 1: Homologe Reihenfolge der Alkane

Zusammenfassung

✖ Bei den Kohlenwasserstoffen lassen sich die kettenförmigen **Alkane, Alkene** und **Alkine** sowie die ringförmigen **Zykloalkane** und **Aromaten** unterscheiden.

✖ Die homologe Reihe der Alkane (Tab. 1) ergibt sich formal durch den Einbau von Methylengruppen = $-CH_2-$. Ihre allgemeine Molekülformel lautet: $\mathbf{C_nH_{2n+2}}$.

✖ Ab dem Butan treten **Konstitutionsisomere** (gleiche Summenformel unterschiedliche Strukturformel) auf.

✖ Der **Siedepunkt steigt mit zunehmender Moleküllänge** durch die stärker werdenden intermolekularen = **Van-der-Waals-Kräfte** an. Insgesamt haben die Alkane jedoch nur niedrige Siedepunkte, da die Van-der-Waals-Kräfte zu den schwachen intermolekularen Kräften zählen.

✖ Die Alkane sind **unpolar** und damit **hydrophob/lipophil.**

✖ Die typischen Reaktionen der Alkane sind die **radikalische Substitution** und die **Verbrennung.**

Kohlenwasserstoffe II

Alkene

Aufbau
Die Alkene haben im Unterschied zu den Alkanen mindestens eine **Doppelbindung** zwischen den C-Atomen.

R-HC=CH-R´ (R = Rest)

Sie werden deshalb auch als **ungesättigt** bezeichnet. Die C-Atome der Doppelbindungen sind **sp²-hybridisiert,** wodurch die frei gebliebenen p-Orbitale des C-Atoms eine π-**Bindung** = Doppelbindung eingehen. π-Bindungen sind im Gegensatz zu σ-Bindungen nicht mehr frei drehbar, da sich ihre beiden Bindungen bei einer Drehung um die eigene Achse überkreuzen würden. Dies ist sterisch nicht möglich.
Die sp²-Hybridorbitale gehen also eine σ-**Bindung** mit H- oder C-Atomen ein. Das einfachste Molekül der Alkene, das auf diese Weise entsteht, ist das **Ethen**. Es hat die Summenformel C_2H_4.

```
  H       H
   \     /
    C = C
   /     \
  H       H
```

Das auf das Ethen folgende Molekül wäre das Propen C_3H_6. Für alle Alkene mit einer Doppelbindung gilt die folgende **allgemeine Molekülformel: C_nH_{2n}**.

Isomerie
Auch bei den Alkenen treten ab dem Butan Isomere auf. Diese unterscheiden sich in der Position ihrer Doppelbindung. So kann die Doppelbindung zwischen C_1 und C_2 oder zwischen C_2 und C_3 auftreten. Im ersten Fall spricht man von 1-Buten und im zweiten von 2-Buten.

2-Buten: $H_3C-CH=CH-CH_3$
1-Buten: $H_3C-CH_2-CH=CH_2$

Moleküle haben die gleiche Summenformel, aber eine unterschiedliche Strukturformel. Sie sind **Konstitutionsisomere**. Es gibt noch eine weitere Isomerie, die **cis/trans-Isomerie** = **geometrische Isomerie**. Dadurch, dass die Doppelbindung nicht frei drehbar ist, ergeben sich zwei mögliche Anordnungen der Reste an den C-Atomen:

```
    H  H  H  H              H     H
    |  |  |  |              |     |
  H-C- C= C- C-H          H-C- C= C- C-H
    |        |              |  |  |  |
    H        H              H  H  H  H
    cis-2-Buten             trans-2-Buten
```

Die trans-Isomere kommen in der Natur häufiger vor, da sie energetisch günstiger sind. In ihnen haben die Reste mehr Platz und stoßen sich dadurch weniger ab.

Nomenklatur
Bei den Alkenen ist das Suffix -an gegen **-en** ersetzt worden. Die Position der Doppelbindung wird durch die entsprechende Ziffer vor den Namen der Hauptkette geschrieben. Hier gilt, dass die Position möglichst klein sein soll. Liegen mehrere Doppelbindungen vor, so schreibt man deren Anzahl als griechisches Zahlwort vor das Suffix -en. Diese Stoffe werden als **Polyene** bezeichnet: *Di*en, *Tri*en, …
Sind Alkene zusätzlich noch verzweigt, so erfolgt ihre Nomenklatur analog zu der der Alkane (s. S. 52/53).

```
                CH₃
                 |
    H₂C=CH-CH-C=CH₂
      1   2  3 |  4  5
                CH₃
```

3,4-Dimethyl-1,4-pentadien

Eigenschaften/Reaktionen
In ihren physikalischen Eigenschaften gleichen die Alkene den Alkanen.
Durch ihre Doppelbindung sind die Alkene äußerst **reaktionsfreudig**. Sie gehen vor allem **Additionsreaktionen** ein, bei denen aus der π-Bindung zwei σ-Bindungen entstehen. Hierbei lassen sich je nach Reaktionspartner folgende Reaktionstypen an Additionen unterscheiden:

Halogenierung
Bei der Halogenierung handelt es sich um eine Additionsreaktion, in der aus einem Alken durch die Anlagerung eines Halogens (Br_2, Cl_2, I_2) ein **Halogenkohlenwasserstoff** entsteht. Die Reaktion verläuft in einem zweistufigen Prozess. Als Erstes tritt ein Halogenmolekül, hier Br_2, in lockere Wechselwirkung mit der Doppelbindung des Alkens. Dadurch kommt es zu einer Polarisierung des Brommoleküls. Der positive Pol lagert sich an die Doppelbindung an und wird aus dem Brommolekül „herausgerissen" = **elektrophile Addition**. Es entsteht ein Bromoniumion (Kation). Übrig bleibt das Bromidion (Anion), das jetzt wiederum im zweiten Schritt in einer **nukleophilen Additionsreaktion** eines der C-Atome von der anderen Seite her angreift und angelagert wird = **trans-Addition**.

π-Komplex   Bromonium-Ion   Dibromid

Ähnlich verläuft die Reaktion, wenn Halogenwasserstoffe, z. B. HCl, angelagert werden. Hierbei ist es das Wasserstoffatom, das sich an die Doppelbindung anlagert und „aus seinem Molekül gerissen" wird. Es entstehen ein positives Carbokation und ein Clorid-Anion. Dieses lagert sich im zweiten Schritt an das Carbokation an, und es entsteht ebenfalls ein Halogenalkan.

π-Komplex aus einem Alken mit einem Proton — Carbokation — Additionsprodukt (Chloralkan)

Hydratisierung

Unter einer **Hydratisierung** versteht man die Anlagerung von **Wasser** (zum Vergleich: Hydrierung: Anlagerung von Wasserstoff) an eine Doppelbindung. Da diese Reaktion nicht freiwillig abläuft, bedarf es eines Katalysators in Form von H^+-Ionen. Durch ihre Einwirkung auf die Doppelbindung bildet sich ein positives Carbokation. An dieses lagert sich Wasser in einer **nukleophilen Additionsreaktion** an. Das angelagerte Wasser spaltet seinerseits wieder ein Proton ab, wodurch ein **Alkohol** entsteht.

Alken — Carbokation — protonierter Alkohol — Alkohol

Hydrierung

In dieser Reaktion lagert sich **Wasserstoff** an die Doppelbindung an, so dass aus dem Alken ein Alkan wird. Dabei befinden sich nach Abschluss der Reaktion beide Wasserstoffatome auf der gleichen Seite = **cis-Addition**.

$$H_2C=CH_2 + H_2 \rightarrow H_3C-CH_3$$

Polymerisation

Bei der Polymerisation handelt es sich um eine **radikalische Additionsreaktion**, in der durch Katalysatoren aus kurzen Alkenen lange Alkenketten entstehen. So wird beispielsweise aus Ethen Polyethylen:

$$... H_2C=CH_2 + H_2C=CH_2 + H_2C=CH_2 + ...$$
$$\rightarrow ... -CH_2-CH_2-CH_2-CH_2-CH_2-CH_2- ...$$

Alkine

Alkine sind ebenfalls ungesättigte Kohlenwasserstoffe. Sie weisen eine **Dreifachbindung** auf, bei der die C-Atome **sp-hybridisiert** vorliegen:

$$R-C \equiv C-R'$$

Ihr einfachster Vertreter ist das **Ethin** mit der Summenformel C_2H_2. Danach folgt Propin mit C_3H_4. Bei den Alkinen lautet die **allgemeine Molekülformel: C_nH_{2n-2}**.
Bei den Alkinen ist das Suffix -an gegen **-in** ersetzt worden.

Zusammenfassung

- Die **Alkene** weisen alle **mindestens eine Doppelbindung** auf und werden daher auch als ungesättigt bezeichnet: $R-HC=CH-R'$.
- Alkene mit einer Doppelbindung haben die **allgemeine Molekülformel: C_nH_{2n}**.
- Die Alkene zeigen vor allem **Additionsreaktionen**: Halogenierung (CL_2, Br_2), Hydratisierung (H_2O), Hydrierung (H_2) und Polymerisation.
- Die **Alkine** enthalten Dreifachbindungen $R-C \equiv C-R'$. Ihre allgemeine Molekülformel lautet: **C_nH_{2n-2}**.

Kohlenwasserstoffe III

Halogenalkane

Halogenalkane entstehen durch die Halogenierung von Alkenen (s. S. 54) oder durch **radikalische Substitution** aus Alkanen.

Radikalische Substitution
Bricht die Bindung innerhalb eines Cl_2-Moleküls in der Mitte, nennt man dies **homolytisch**. So entstehen Atome, die jeweils ein ungepaartes Elektron haben. Sie werden **Radikale** genannt und sind äußerst reaktiv. Dies geschieht beispielsweise, wenn UV-Strahlung auf Chlormoleküle einwirkt. Es entstehen Chlor-Radikale, die als solche mit einem Punkt (ungepaartes Elektron) gekennzeichnet werden:

▶ $Cl_2 + UV \rightarrow 2Cl\cdot$ **(Kettenstart)**.
Diese greifen H-Atome des Alkans (R-H) an und bilden mit diesem Chlorwasserstoff. Zurück bleibt ein Alkyl-Radikal:
▶ $R\text{-}H + Cl\cdot \rightarrow R\cdot + HCl$ **(Kettenfortpflanzung)**.
Das Alkyl-Radikal reagiert seinerseits jetzt mit einem Cl_2-Molekül und entreißt diesem ein Chloratom. Hierdurch entstehen ein Halogenalkan und ein Chlor-Radikal:
▶ $R\cdot + Cl_2 \rightarrow R\text{-}Cl + Cl\cdot$ **(Kettenfortpflanzung)**.
Das Chlor-Radikal kann nun wiederum mit einem Alkan reagieren. Es entsteht eine Kettenreaktion. Diese kommt erst zum Erliegen, wenn zwei Radikale miteinander reagieren:
▶ z. B.: $R\cdot + Cl\cdot \rightarrow R\text{-}Cl$ **(Kettenabbruch)**.
Die Bindung zwischen dem Halogenatom und dem Kohlenstoff ist aufgrund ihrer Elektronegativitätsdifferenz eine **polare Atombindung**.

Nomenklatur
Die Nomenklatur der Halogenalkane erfolgt wie die der Alkane. Das Halogen wird als Substituent/Rest betrachtet und erhält, wie sonstige Abzweigungen der Kette auch, Nummer und Namen, die dem Hauptkettennamen vorangestellt werden.

$$H_3C-\underset{5}{CH}-\underset{4}{\underset{|}{CH_2}}-\underset{3}{CH_2}-\underset{2}{\underset{|}{CH}}-\underset{1}{CH_3}$$
$$CH_3 Cl$$

2-Chlor-4-methyl-pentan

Eigenschaften
Die Halogenalkane gleichen in manchen Eigenschaften ihren entsprechenden Alkanen. In anderen sind sie jedoch deutlich unterschiedlich. Wie stark, hängt dabei von der Art und Anzahl der Halogenatome im Halogenalkan ab.

▶ Wie die Alkane sind sie wasserunlöslich (**hydrophob**) und fettlöslich (**lipophil**).
▶ Sie sind ebenfalls **reaktionsträge**.
▶ Viele Halogenalkane sind im Gegensatz zu den Alkanen **betäubend** und **gesundheitsschädlich,** wie z. B. das Halothan, das früher in der Anästhesie als Narkosegas verwendet wurde.
▶ Die typische Reaktion der Halogenalkane ist die **nukleophile Substitution** (s. organische Reaktionen, S. 70–73). In dieser wird das Halogenatom durch eine starke Lewis-Base (z. B. OH^-) im Molekül ersetzt.

Ringförmige Kohlenwasserstoffe

Zykloalkane
Bei Zykloalkanen handelt es sich um eine Untergruppe der Alkane. Sie sind **ringförmige, gesättigte Kohlenwasserstoffe** mit der **allgemeinen Molekülformel C_nH_{2n}**. Ihre Benennung erfolgt analog zu der der Alkane, nur dass ihnen die Silbe Zyklo- vorangestellt wird.
Betrachten wir das Zyklohexan C_6H_{12}, so zeigt sich, dass jedes C-Atom vier Einfachbindungen = σ-Bindungen aufweist. Es ist also sp^3-hybridisiert und nimmt daher mit seinen Substituenten/Resten die Form eines Tetraeders ein. Folglich kann der Zyklohexanring keine planare Ringstruktur sein. Vielmehr sind zwei mögliche dreidimensionale Raumstrukturen = Konformationen denkbar: die **Sesselform** und die **Wannenform** (◼ Abb. 1). Sie sind **Konformationsisomere.**
In der Natur trifft man hauptsächlich auf die Sesselform, da sie energetisch günstiger ist. In ihr lassen sich zwei Ausrichtungen der H-Atome erkennen: solche, die senkrecht nach oben bzw. unten zur Ebene zeigen, sie werden **axial** (a) genannt, und solche, die seitlich abstehen, sie werden **äquatorial** (e) genannt. Diese Ausrichtung führt dazu, dass die einzelnen H-Atome den größtmöglichen Abstand zueinander einnehmen und die Sesselform somit begünstigen.

Zykloalkene
Zykloalkene sind **einfach ungesättigte, ringförmige Kohlenwasserstoffe,** die eine Untergruppe der Alkene darstellen. Ihre allgemeine Molekülformel lautet: C_nH_{2n-2}. Sie gleichen in ihren Eigenschaften weitgehend den Alkenen.

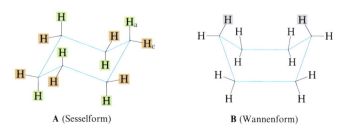

A (Sesselform)   **B** (Wannenform)

Konformere des Cyclohexans

◼ Abb. 1: Sessel- und Wannenform des Zyklohexans. [2]

Aromaten

Aufbau und Mesomerie

Bei den Aromaten handelt es sich um **ungesättigte, ringförmige Kohlenwasserstoffe.** Ihre Grundstruktur ist das **Benzol** C_6H_6. Es besteht aus einem Sechsring mit drei Doppel- und drei Einfachbindungen, die abwechselnd auftreten; sie **alternieren**. Daher spricht man auch von **konjugierten Doppelbindungen**. Alternieren Doppel- und Einfachbindungen nicht, so nennt man sie **isoliert.**

Jedes C-Atom im Benzolring weist also eine Doppelbindung auf, es ist sp^2-hybridisiert und nimmt damit eine trigonal-planare Struktur ein. Folglich ist auch der Benzolring planar. Eine Konformationsisomerie wie beim Zyklohexan gibt es demnach nicht.

Problematisch ist jedoch, dass sich die π-Bindungen in ihren Positionen nicht eindeutig zuordnen lassen. Es gibt zwei mögliche Anordnungen:

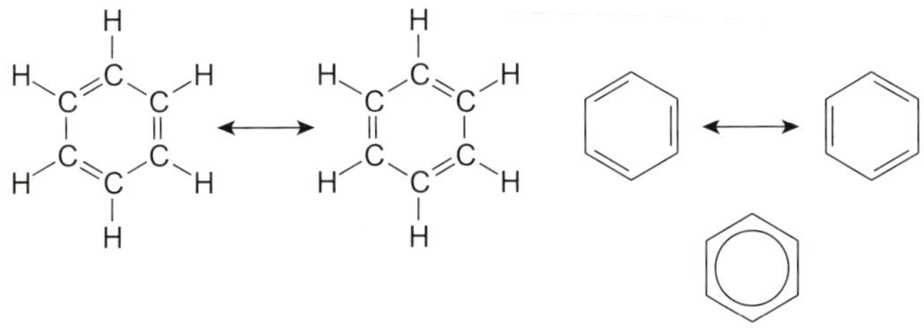

Sie werden als **mesomere Grenzstrukturen** bezeichnet und mit einem Doppelpfeil verbunden (kein Gleichgewichtspfeil). In Wirklichkeit tritt jedoch keine dieser beiden Grenzstrukturen auf, sondern die π-Elektronen der Doppelbindungen überlappen sich als ringförmige Wolken ober- und unterhalb des Ringes. Sie sind **delokalisiert.** Dies führt zu einer höheren Stabilität des Moleküls. Um dieses in der Strukturformel deutlich zu machen, wird statt der alternierenden Doppelbindungen ein Kreis in den Ring des Benzols gezeichnet.

Reaktionen und Nomenklatur

Die Reaktion der Aromaten ist die **elektrophile Substitution** (s. organische Reaktionen II, S. 72/73), bei der ein H-Atom durch ein anderes Atom oder Molekül ersetzt wird. Die Doppelbindung bleibt dabei erhalten (vgl. Alkene, hier geht sie durch Addition verloren). Befinden sich mehr als zwei Substituenten am Benzolring, so werden Vorsilben benutzt, um die Position des zweiten Substituenten genau zu beschreiben: **ortho-**, **meta-** und **para-** (Abb. 2). Beim 1,2-Dimethylbenzol befindet sich die zweite Methylgruppe in ortho-Stellung zur ersten. Im Trivialnamen wird dies abgekürzt, indem einfach ein o-, m- oder p- vor den Namen geschrieben wird.

Struktur	IUPAC-Name	Trivialname
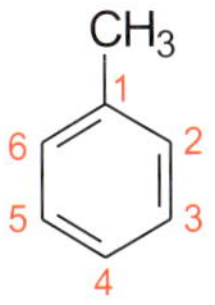 CH_3 (Positionen 1–6)	Methylbenzol	Toluol
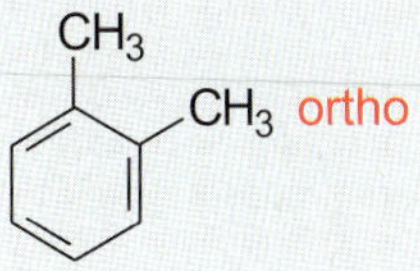 CH_3, CH_3 ortho	1,2-Dimethylbenzol	o-Xylol
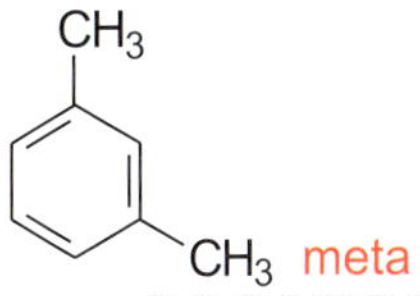 CH_3, CH_3 meta	1,3-Dimethylbenzol	m-Xylol
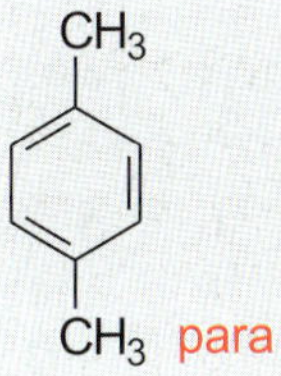 CH_3, CH_3 para	1,4-Dimethylbenzol	p-Xylol

Abb. 2: Benennung des Benzols. [1]

Zusammenfassung

- **Halogenalkane** können durch elektrophile Addition aus den Alkenen oder durch radikalische Substitution aus den Alkanen entstehen.
- **Zykloalkane** sind ringförmige, gesättigte Kohlenwasserstoffe aus der Gruppe der Alkane mit der allgemeinen Molekülformel C_nH_{2n}.
- **Zykloalkene** sind ringförmige, einfach ungesättigte Kohlenwasserstoffe aus der Gruppe der Alkene mit der allgemeinen Molekülformel C_nH_{2n-2}.
- **Aromaten** sind ringförmige, ungesättigte Kohlenwasserstoffe. Ihre Grundstruktur ist das Benzol. Sie weisen delokalisierte π-Elektronen auf, was in ihrer Strukturformel mit einem Ring gekennzeichnet wird.

Alkohole, Phenole, Ether

Alkohole

Aufbau und Nomenklatur
Alkohole entstehen aus den Alkenen durch eine nukleophile Additionsreaktion, die **Hydratisierung**, bei der sich Wasser an die Doppelbindung anlagert (s. S. 54/55). Durch diese Reaktion spaltet sich ein H^+-Ion ab. Übrig bleibt eine **Hydroxylgruppe = OH-Gruppe = Alkoholgruppe**. Sie stellt die **funktionelle Gruppe** der Alkohole dar.
Beispiel: Ethen zu Ethanol:

$$H_2C=CH_2 + H_2O \rightarrow H_3C\text{-}CH_2\text{-}OH$$

Formal gesehen kann man die Alkohole auch als Alkane mit einer OH-Gruppe auffassen und sie als **Alkanole** bezeichnen.

$$R\text{-}CH_2\text{-}OH$$

Die Bezeichnungen der Alkohole ergeben sich aus dem Namen des Alkans und dem Suffix **-ol**: Methan → Methanol, Ethan → Ethanol, Propan → Propanol. Die allgemeine Molekülformel für Alkohole mit einer OH-Gruppe lautet: C_nH_{2n+1}**-OH**. Enthält ein Alkohol nur eine OH-Gruppe, so wird er als **einwertiger Alkohol** bezeichnet. Enthält er mehrere OH-Gruppen, so spricht man von einem **mehrwertigen Alkohol**. Die Anzahl der Alkoholgruppen wird dabei als griechische Zahl vor das Suffix geschrieben:

▶ zweiwertiger Alkohol: Ethangrundgerüst + 2 OH-Gruppen: $OHCH_2\text{-}CH_2OH$ = 1,2-Ethan*diol*,
▶ dreiwertiger Alkohol: Propangrundgerüst + 3 OH-Gruppen: $OHCH_2\text{-}CHOH\text{-}CH_2OH$ = 1,2,3-Propan*triol*.

Die Nomenklatur erfolgt nach den Regeln der IUPAC, die wir unter anderem bereits für Alkane und Alkene kennengelernt haben.
Die **Anzahl** der OH-Gruppen bestimmt wesentlich die **physikalischen Eigenschaften** der Alkohole. Es spielt für die Einteilung der Alkohole nicht nur eine Rolle, wie viele OH-Gruppen gebunden sind, sondern auch wo diese gebunden sind:

▶ Hat das C-Atom, das die OH-Gruppe trägt, eine (oder keine) Bindung zu einem weiteren C-Atom, so ist es ein **primärer Alkohol**.
▶ Hat das C-Atom, das die OH-Gruppe trägt, zwei weitere Bindungen zu C-Atomen, so ist es ein **sekundärer Alkohol**.
▶ Hat das C-Atom, das die OH-Gruppe trägt, drei weitere Bindungen zu C-Atomen, so ist es ein **tertiärer Alkohol**.

$$R\text{-}CH_2\text{-}OH \qquad R_1\text{-}\underset{}{\overset{R_2}{CH}}\text{-}OH \qquad R_1\text{-}\underset{R_3}{\overset{R_2}{C}}\text{-}OH$$

primär   sekundär   tertiär

Das **Reaktionsverhalten** der Moleküle wird hauptsächlich durch die **Position** der OH-Gruppen bestimmt.

Isomerie
Auch bei den Alkoholen treten Isomere auf. So sind im Propanol zwei Positionen für die OH-Gruppe denkbar: einmal am Ende des Moleküls (n-Propanol) und einmal in der Mitte (Isopropanol). Beide besitzen dieselbe Summenformel, aber unterschiedliche Strukturformeln. Es sind demnach Konstitutionsisomere.

Eigenschaften
Die Alkoholgruppe weist einen **Dipol** auf, da der Sauerstoff deutlich elektronegativer als der Wasserstoff ist und somit die Elektronen zu sich heranzieht. Dadurch können Alkohole Wasserstoffbrücke ausbilden, die für folgende Eigenschaften der Alkohole verantwortlich sind:

▶ Kurzkettige und mehrwertige Alkohole sind in polaren Lösungsmitteln wie Wasser löslich. Sie sind **hydrophil** und **lipophob**. Je länger jedoch der Anteil der Kette ohne OH-Gruppen wird (hydrophober Alkananteil), umso mehr nimmt die Wasserlöslichkeit ab.
▶ Durch die Ausbildung von Wasserstoffbrücken haben Alkohole deutlich stärkere intermolekulare Kräfte als vergleichbare Alkane. Daher haben sie auch **höhere Siedepunkte**.
▶ Mehrwertige Alkohole schmecken süß, z. B. Glycerin, Glykol, Glukose.
▶ Kurzkettige Alkohole zeigen toxische Eigenschaften.

Reaktionen
Das Reaktionsverhalten wird durch die Position der OH-Gruppe im Molekül bestimmt (s. S. 62/63):

▶ Wird eine **primäre Alkoholgruppe** oxidiert, so entsteht daraus eine **Aldehydgruppe**. Die Oxidationszahl des C-Atoms steigt von −I auf +I an. Wird die Aldehydgruppe noch einmal oxidiert, entstehen die **Carbonsäuren**.
▶ Wird eine **sekundäre Alkoholgruppe** oxidiert, so entsteht daraus eine **Ketogruppe**. Die Oxidationszahl des C-Atoms steigt von 0 auf +II an.
▶ Eine **tertiäre Alkoholgruppe** lässt sich **nicht** oxidieren, ohne dass ihre Struktur zerstört wird.

Entzieht man Alkoholmolekülen Wasser (Dehydratisierung), indem man ihnen heiße, starke Säuren als Katalysator zufügt, entstehen **Alkene**. Der Reaktionstyp ist die **Eliminierung**.
Beispiel: Ethanol zu Ethen:

$$H_3C\text{-}CH_2OH \rightarrow H_2C=CH_2 + H_2O$$

Reagieren Alkohole mit einem weiteren Alkohol, so bilden sich unter Wasserabspaltung die **Ether**:

$$2\ R\text{-}OH \rightarrow R\text{-}O\text{-}R + H_2O$$

Phenole

Aufbau
Phenole bestehen aus einem **Benzolring,** an dem eine (einwertige Phenole) oder mehrere (mehrwertige Phenole) **Hydroxylgruppen** gebunden sind.

Phenol   Brenzkatechin   Resorcin   Hydrochinon

Eigenschaften
Obwohl die Phenole die gleiche funktionelle Gruppe wie die Alkohole tragen, ähneln sie in ihrem Verhalten den **schwachen Säuren.** In Wasser gelöst, spaltet die OH-Gruppe ein Proton ab. Es entstehen ein **Phenolat-Anion** und ein Hydronium-Kation. Werden Phenole mit Basen neutralisiert, so bilden sie Salze.

Phenolat-Ion

Für das Phenolat-Anion gibt es vier mesomere Grenzstrukturen, wovon keine in der Realität auftritt. Die negative Ladung liegt in Wirklichkeit auf mehrere Atome verteilt vor. Das Anion ist damit **mesomeriestabilisiert,** wodurch es einen energieärmeren Zustand einnimmt.

Mesomerie des Phenolat-Ions

Reaktionen
Die klassische Reaktion der Phenole ist die **elektrophile Addition** (s. auch S. 70). Diese wird durch den positiven mesomeren Effekt des Sauerstoffs begünstigt. Darunter ist das Auftreten einer negativen Ladung in ortho- und para-Stellung im Ringsystem und einer positiven Ladung am OH-Molekül zu verstehen.

Mesomerie des Phenols

An dieser negativen Ladung greifen nun bevorzugt elektrophile Teilchen an und können angelagert werden.

Ether

Optisch betrachtet handelt es sich bei Ether-Molekülen um Alkane, bei denen zwischen zwei C-Atome ein Sauerstoffatom eingeschoben wurde: **R-O-R'**.

▶ Methoxymethan/Dimethylether: H_3C-O-CH_3
▶ Ethoxyethan/Diethylether: H_3C-CH_2-O-CH_2-CH_3

Sie werden auch als **Alkoxyalkane** bezeichnet. Die Ketten links und rechts des Sauerstoffatoms müssen nicht identisch sein. Sind sie identisch, so spricht man von einem **symmetrischen Ether,** sind sie es nicht, von einem **unsymmetrischen Ether.**
Neben den linearen Ethern gibt es auch solche mit zyklischer Struktur. Da diese Ringe neben Kohlenstoff zusätzlich Sauerstoff enthalten, werden sie als **Heterozyklen** bezeichnet. Unter **Homozyklen** versteht man dementsprechend Zykloalkane, Zykloalkene und Aromaten.
Ether entsteht aus zwei primären oder sekundären Alkoholen durch eine Wasserabspaltung:

$$2\ R\text{-}OH \rightarrow R\text{-}O\text{-}R + H_2O$$

Eigenschaften
Sauerstoffatome können alleine keine Wasserstoffbrücken ausbilden, folglich können Ether dies auch nicht. Sie sind damit in Wasser unlöslich. Ihre Siedepunkte sind niedrig und liegen im Bereich der Alkane.

Zusammenfassung

✶ **Alkohole** sind formal gesehen Alkane mit einer **funktionellen OH-Gruppe = Hydroxylgruppe.** Sie entstehen durch Hydratisierung aus Alkenen. Ihre Grundstruktur lautet: R-CH_n-OH.

✶ Haben sie nur eine Alkoholgruppe, so werden sie als **einwertige Alkohole** bezeichnet. Verfügen sie über mehrere OH-Gruppen, so nennt man sie **mehrwertige Alkohole.**

✶ Nach der Anzahl an C-Atomen, die dem C-Atom mit der OH-Gruppe benachbart sind, werden die Alkohole in **primäre, sekundäre und tertiäre Alkohole** eingeteilt.

✶ **Phenole** bestehen aus einem Benzolring, der eine oder mehrere OH-Gruppen trägt.

✶ Durch den mesomeren Effekt des Sauerstoffs werden elektrophile Reaktionen bei den Phenolen begünstigt.

✶ **Ether** entstehen aus Alkoholen durch Wasserabspaltung: 2 R-OH → R-O-R + H_2O. Ihr strukturgebendes Element ist eine Sauerstoffbrücke.

Amine und Thiole

Amine und ihre Abkömmlinge

Aufbau und Nomenklatur
Amine sind **organische Stickstoffverbindungen.** Sie sind „Abkömmlinge" des Ammoniaks (NH_3), bei dem die H-Atome durch organische Reste ersetzt wurden. Nach der Anzahl ihrer ausgetauschten H-Atome lassen sich die Amine wie folgt einteilen:

▶ Bei den **primären Aminen** wurde **ein** H-Atom gegen einen organischen Rest ausgetauscht.
▶ Bei den **sekundären Aminen** wurden **zwei** H-Atom gegen zwei organische Reste ausgetauscht.
▶ Bei den **tertiären Aminen** wurden **drei** H-Atom gegen drei organische Reste ausgetauscht.

Dabei erfolgt die Nomenklatur nach den IUPAC-Regeln. Die Stoffe werden nach den Kohlenwasserstoffstrukturen benannt und erhalten die Endung **-amin,** daher auch ihre Bezeichnung als **Alkanamine** (▮ Tab. 1).
Oft tragen die Verbindungen Trivialnamen, so ist das Benzolamin als Anilin und das 1-Methyl-2-phenyl-ethyl-amin als Amphetamin bekannt.

Typ	Formel	Funktionelle Gruppe	Beispiel
Primäres Amin	$R-NH_2$	Primäre Aminogruppe: $-NH_2$	Methylamin CH_3-NH_2
Sekundäres Amin	R_2NH	Sekundäre Aminogruppe: $-NH-$	Dimethyamin $CH_3-NH-CH_3$
Tertiäres Amin	R_3N	Tertiäre Aminogruppe: $-N-$	Trimethylamin $(CH_3)_3-N$

▮ Tab. 1: Amine

Anilin
Aminobenzol

1-Methyl-2-phenylethylamin
2-Amino-1-phenylpropan
Amphetamin
Benzedrin

Eigenschaften
Ammoniak ist eine Base. Es kann ein Proton an das freie Elektronenpaar des Stickstoffs binden und dadurch in Verbindung mit H_2O Hydroxidionen erzeugen. Folglich reagieren auch die Amine **basisch:**

$R-NH_2 + H_2O \rightarrow R-NH_3^+$ (Amin) $+ OH^-$

Wie groß ihre Basizität ist, hängt dabei von der Art und der Anzahl der Reste ab. So erhöhen **Alkyl-Reste** die Basizität, indem sie die Elektronendichte am Stickstoff verstärken. Je mehr Alkyl-Reste gebunden sind, umso basischer reagiert das Amin (beachte: je kleiner der pK_B, desto basischer ist ein Stoff, da gilt: $pK_S = 14 - pK_B$):

pK_B der Amine: $pK_{B \text{ tertiäre Amine}} < pK_{B \text{ sekundäre Amine}} < pK_{B \text{ primäre Amine}}$

Bei aromatischen Resten (**Aryl-Reste**) nimmt der basische Charakter gegenüber dem Ammoniak ab, da sich die Elektronen über den Ring verteilen und somit die Elektronendichte am Stickstoff sinkt.
Physikalische Eigenschaften der Amine:

▶ Amine sind aufgrund ihrer polaren Gruppe besser wasserlöslich als vergleichbare Alkane. Die Löslichkeit nimmt mit steigender Alkyllänge der Reste ab.
▶ Durch die Polarität steigen die intermolekularen Kräfte und damit auch der Siedepunkt. Dieser liegt höher als bei den Alkanen, jedoch niedriger als bei den Alkoholen.

Reaktionen
In Verbindung mit Säuren bilden Amine nach Verdampfen des Wassers Salze. Handelt es sich bei der Säure um Salzsäure, so entstehen **Hydrochloride:**

$R-NH_2 + HCl \rightarrow [R-NH_3]^+Cl^-$ (Hydrochlorid)

In einer elektrophilen Substitutionsreaktion entstehen aus den tertiären Aminen **quartäre Ammoniumverbindungen,** bei denen vier Reste an den Stickstoff gebunden werden. Das Stickstoffatom erhält dadurch eine positive Ladung.

quartäres Ammoniumsalz

Es lassen sich dabei ein **Amin-Typ,** bei dem alle vier Reste organischen Ursprungs sind, und ein **Imin-Typ,** bei dem ein Rest anorganischen Ursprungs ist, unterscheiden.

Amide
Amide entstehen, wenn sich ein Amin mit einem Carbonsäurederivat, z. B. Carbonsäurechlorid, zusammenlagert:

$R-CO-Cl + H_2N-R' \rightarrow R-CO-NH-R'$ (Amid) $+ HCl$

Thiole und ihre Abkömmlinge

Aufbau und Nomenklatur
Alkanthiole, kurz **Thiole,** gehören zu den **organischen Schwefelverbindungen.** Sie tragen als funktionelle Gruppen **SH-Gruppen = Thiolgruppen.** Damit entsprechen sie den Alkoholen, nur dass hier das Sauerstoffatom gegen ein Schwefelatom ersetzt ist.

$R-CH_2-SH$ (Thiol), $R-CH_2-OH$ (Alkohol)

Ihre Namen leiten sich von der Grundstruktur des Kohlenwasserstoffs ab (z. B. Alkan, Alken), wobei zusätzlich noch das Suffix **-thiol** an das Ende des Namens gehängt wird:

- CH_3-SH = Methanthiol
- CH_3-CH_2-SH = Ethanthiol
- C_6H_5-SH = Benzothiol
- CH_3-CH=CH-CH_2-SH = 2-Buten-1-thiol

Durch ihre Eigenschaft, Quecksilber (Mercurium) zu komplexieren, haben sie noch den weiteren Namen **Mercaptane**:

- CH_3-SH = Methylmercaptan
- CH_3-CH_2-SH = Ethylmercaptan
- CH_3-CH_2-CH_2-SH = Propylmercaptan

$2\ CH_3\text{-}CH_2\text{-}SH + Hg^{2+} \rightarrow$
$[2\ CH_3\text{-}CH_2\text{-}S^- - Hg^{2+} - {}^-S\text{-}CH_2\text{-}CH_3] +$
$2\ H^+$

Eigenschaften

Schwefel und Sauerstoff stehen in der gleichen Hauptgruppe, deshalb verhalten sich die Thiole **ähnlich wie die Alkohole.**

▶ Auch die SH-Gruppe bildet einen **Dipol,** wenn auch vergleichsweise schwächer, da Schwefel im Vergleich zum Sauerstoff eine geringere Elektronegativität aufweist. Deshalb sind ihre Wasserstoffbrücken (intermolekulare Kräfte) im Vergleich zu den Alkoholen schwächer und folglich **sieden sie schon bei niedrigeren Temperaturen,** jedoch bei höheren als Alkane.
▶ Ebenso wie die Alkohole sind sie wasserlöslich **(hydrophil, lipophob),** jedoch auch hier deutlich schwächer.
▶ Da das Schwefelatom das Wasserstoffatom nicht so fest bindet, kann dieses leichter abgegeben werden. Die Thiole reagieren mit Wasser somit deutlich **saurer als die Alkohole**
($pK_{S\ Thiole} < pK_{S\ Alkohole}$): R-$CH_2$-SH + H_2O → R-CH_2-S^- + H_3O^+
▶ Des Weiteren bilden sie mit NaOH bei der Neutralisation Salze, die **Thiolate:**
R-CH_2-SH + NaOH → R-CH_2-SNa + H_2O
▶ Kurzkettige Thiole riechen widerwärtig und zeigen **toxische Eigenschaften** auf das zentrale Nervensystem.

Reaktionen

Bei den Reaktionen hingegen unterscheiden sich Thiole und Alkohole deutlich voneinander. Bei der Oxidation entstehen aus ihnen durch **Dimerisation** („aus zwei mach eins") **Disulfide.** In diesen wird das Schwefelatom oxidiert (bei den Alkoholen ist es der Kohlenstoff).

$2\ R\text{-}CH_2\text{-}SH \xrightarrow{-2H} R\text{-}CH_2\text{-}S\text{-}S\text{-}CH_2\text{-}R$

Es bildet sich eine S-S-Brücke, die sog. **Disulfidbrücke:**

R-S-S-R´

Sie spielt z. B. eine Rolle bei der Stabilisierung der räumlichen Gestalt von Proteinen (s. S. 84/85).

Thiolderivate

Thioether oder **Sulfide** entsprechen in ihrem Aufbau weitestgehend den Ethern, bis auf den Austausch des Sauerstoffatoms gegen ein Schwefelatom:

R-S-R´

Im Gegensatz zum Ether lassen sie sich oxidieren. Dabei entstehen durch die Aufnahme des Sauerstoffs **Sulfoxide:**

R-SO-R´

Wird dieses noch einmal oxidiert, bilden sich **Sulfone:**

R-SO_2-R´

Sowohl bei den Sulfoxiden als auch bei den Sulfonen bestehen Doppelbindungen zwischen dem Schwefel- und dem Sauerstoffatom.
Die Oxidationszahl des Schwefels steigt dabei von +II im Sulfid, über +IV für das Sulfoxid auf +VI für das Sulfon an.

Zusammenfassung

✶ **Amine** sind organische Stickstoffverbindungen, die sich vom Ammoniak ableiten. Bei diesem sind die H-Atome gegen organische Reste ausgetauscht worden.

✶ **Amide** entstehen aus Carbonsäurederivaten und Aminen.

✶ **Thiole** sind organische Schwefelverbindungen mit einer SH-Gruppe als funktioneller Gruppe. Ihre Grundstruktur lautet: R-CH_2-SH.

✶ Aus den Thiole gehen die **Disulfide** R-S-S-R´, **Sulfide** R-S-R´, **Sulfoxide** R-SO-R´ und **Sulfone** R-SO_2-R´ hervor.

Aldehyde und Ketone

Aufbau und Struktur

Aldehyde und Ketone stellen Oxidationsprodukte der primären und sekundären Alkohole dar.

▶ Wird eine **primäre Alkoholgruppe** oxidiert, so entsteht daraus eine **Aldehydgruppe**. Die Oxidationszahl des C-Atoms steigt von –I auf +I an.
▶ Wird eine **sekundäre Alkoholgruppe** oxidiert, so entsteht daraus eine **Ketogruppe**. Die Oxidationszahl des C-Atoms steigt von 0 auf +II an.

$$R-\overset{H}{\underset{H}{\overset{|}{C}}}-\underline{\overline{O}}-H \xrightarrow{-2H} R-\overset{+I}{C}\overset{\overline{\overline{O}}}{\underset{H}{\diagdown\!\!\!\!/}}$$

primärer Alkohol → Aldehyd

$$R-\overset{R}{\underset{H}{\overset{|}{C}}}-\underline{\overline{O}}-H \xrightarrow{-2H} \overset{R}{\underset{R}{\diagdown}}\overset{+II}{C}=\underline{\overline{O}}$$

sekundärer Alkohol → Keton

Für beide Stoffklassen ist die **Carbonyl-Gruppe (>C=O)** die funktionelle Gruppe:

▶ Bei den Aldehyden ist sie am Molekülende – das C-Atom trägt maximal einen organischen Rest.
▶ Bei den Ketonen befindet sie sich innerhalb des Moleküls – das C-Atom trägt zwei organische Reste.

In der Carbonylgruppe sind sowohl das C-Atom als auch das O-Atom sp^2-hybridisiert. Somit kommen das O-, C-Atom und dessen Reste in einer Ebene zum Liegen. Zwischen ihnen besteht ein Bindungswinkel von 120°.

Nomenklatur

Die Bezeichnung Aldehyd stammt aus dem Jahre 1835 von J. v. Liebig, der diese von der Tatsache ableitete, dass Aldehyde Alkohole minus zwei H-Atome sind: *Al*kohol *dehyd*rogenatum, kurz Aldehyd.
Der Name des einzelnen Aldehyds bzw. Ketons leitet sich vom zugehörigen Alkan ab und wird mit der Endung **-al** für das Aldehyd und **-on** für das Keton versehen. Daneben weisen viele Verbindungen noch Trivialnamen auf. Beispiele:

▶ H-CHO: Methanal = Formaldehyd
▶ H_3C-CHO: Ethanal = Acetaldehyd
▶ H_3C-CO-CH_3: Propanon = Aceton
▶ H_3C-CH_2-CHO: Propanal

Eigenschaften

Da das O-Atom der Carbonylgruppe eine größere Elektronegativität als das C-Atom aufweist, zieht es die gemeinsamen Bindungselektronen zu sich heran. Es folgt eine **Polarisierung der Doppelbindung,** indem das O-Atom die negative Ladung und das C-Atom die positive Ladung trägt. Dementsprechend gibt es zwei mesomere Grenzstrukturen für die Carbonylgruppe:

$$\left[\diagdown\!\!\!\!/ C=O \rightleftharpoons \diagdown\!\!\!\!/ \overset{\oplus}{C}-\underline{\overline{\underline{O}}}^{\ominus} \right]$$

Daher werden die Aldehyde und Ketone den **polaren Verbindungen** zugeordnet. Ihre kurzkettigen Vertreter sind **wasserlöslich**. Mit steigender Länge des Kohlenwasserstoffgrundgerüstes nimmt die Wasserlöslichkeit jedoch ab, und ab C_6 sind sie praktisch wasserunlöslich. In Alkoholen, Ethern und organischen Lösungsmitteln sind sie aber weiterhin gut löslich.
Anders als die Alkohole können sie **keine Wasserstoffbrücken** ausbilden, da ihnen die hierfür nötige Hydroxylgruppe (-OH) fehlt. Folglich bilden sie schwächere intermolekulare Kräfte – **Dipol-Dipol-Wechselwirkungen** – als die Alkohole aus und zeigen somit niedrigere Siedepunkte. Dennoch liegen die Siedepunkte durch die Dipol-Dipol-Wechselwirkungen über denen vergleichbarer Alkane.

Reaktionen

Additionsreaktionen

Durch die Polarität der Carbonylgruppe, in der das **O-Atom** eine negative Ladung trägt, ist aus diesem ein **Nukleophil** (Elektronenpaardonator) geworden, an dem **elektrophile Additionsreaktionen** stattfinden. Das **C-Atom** trägt eine entsprechende positive Ladung, es ist ein **Elektrophil** (Elektronenpaarakzeptor). Dort finden **nukleophile Additionsreaktionen** statt.

$$\overset{R}{\underset{R}{\diagdown}}\overset{\oplus}{C}-\underline{\overline{\underline{O}}}^{\ominus} \quad E^{\oplus}$$
$$|Nu^{\ominus}$$

Addition von Wassermolekülen

Wasser lagert sich in einer nukleophilen Additionsreaktion an das C-Atom der Carbonylgruppe an. Dabei tritt ein Proton des Wassers auf das O-Atom der Carbonylgruppe über, so dass nach Ablauf der Reaktion das C-Atom zwei Hydroxylgruppen aufweist. Der neu entstandene Stoff wird als **Hydrat** bezeichnet und steht mit dem Ausgangsstoff im Gleichgewicht.

Aldehyd oder Keton $\overset{R^1}{\underset{R^2}{\diagdown}}C=O \rightleftharpoons R^2-\overset{R^1}{\underset{OH}{\overset{|}{C}}}-O-H$ Hydrat

$$\overset{O-H}{\underset{H}{|}}$$

Addition von Alkoholmolekülen

Bei der nukleophilen Addition von Alkoholen entstehen unter Wasserabspaltung über **Halbacetale** die **Acetale**.

$$R_1-\overset{O}{\underset{H}{C}} + H-\bar{O}-R_2 \longrightarrow R_1-\overset{H}{\underset{H}{\underset{|}{C}}}-\bar{O}-R_2$$

Halbacetal

$$H-\overset{R_1}{\underset{R_2}{\underset{|}{\underset{|O|}{C}}}}-\bar{O}-H + H-\bar{O}-R_3 \xrightarrow{-H_2O} H-\overset{R_1}{\underset{R_2}{\underset{|}{\underset{|O|}{C}}}}-\bar{O}-R_3$$

Acetal

Hydrierung

Die Hydrierung erfolgt katalytisch. Dabei entstehen aus Aldehyden wieder **primäre** und aus den Ketonen **sekundäre Alkohole**:

- $H_3C-CH_2-CHO + H_2 \rightarrow H_3C-CH_2-CH_2OH$
- $H_3C-CO-CH_3 + H_2 \rightarrow H_3C-CHOH-CH_3$

Polymerisation

Durch Polymerisation lassen sich aus Monomeren **Polymere** erzeugen, die als Kunststoffe Verwendung finden. Beispielsweise lässt sich aus Methanal (Formaldehyd) durch Eindampfen festes Paraformaldehyd herstellen:

$CH_2=O + CH_2=O + CH_2=O + \ldots \rightarrow \ldots -CH_2-O-CH_2-O-CH_2-O- \ldots$

Oxidationen

Aldehyde lassen sich im Gegensatz zu den Ketonen weiter oxidieren, da sich am C-Atom noch ein weiteres H-Atom befindet.
Beispiel: Versetzt man eine ammoniakalische Silbernitratlösung ($AgNO_3$) mit einem Aldehyd, so fällt elementares Silber – **Silberspiegel** – aus. Dieses muss reduziert worden sein, wodurch sich die Oxidationszahl von +I auf 0 vermindert. Entsprechend stellt das Aldehyd das **Reduktionsmittel** dar und wird selbst oxidiert. Hierbei entsteht aus dem Aldehyd eine **Carbonsäure**.

- $\overset{+I}{R\text{-CHO}} + 2\,OH^- \rightarrow \overset{+III}{R\text{-COOH}} + H_2O + 2\,e^-$
- $2\,\overset{+I}{Ag^+} + 2\,e^- \rightarrow 2\,\overset{0}{Ag}$
- $R\text{-CHO} + 2\,Ag^+ + 2\,OH^- \rightarrow R\text{-COOH} + H_2O$

Diese Reaktion dient zum Nachweis von Aldehyden und wird als **Tollens-Probe** bezeichnet.
Daneben gibt es noch eine weitere **Nachweisreaktionen** (s. S. 88/89) für Aldehyde: die **Fehling-Probe**, bei der sich ebenfalls durch Oxidation des Aldehyds ein ziegelroter Niederschlag aus Kupfer(I)oxid bildet.
Durch diese Reaktionen lassen sich Aldehyde auch von Ketonen unterscheiden, da Ketone nicht mehr oxidiert werden und somit nicht als Reduktionsmittel wirken können.

Zusammenfassung

- Die funktionelle Gruppe der Aldehyde und Ketone ist die **Carbonylgruppe** >C=O. Sie entsteht bei der Oxidation von primären und sekundären Alkoholen.
- Die Nomenklatur leitet sich von den Alkanen ab. Aldehyde erhalten dabei die Endung **-al** und die Ketone **-on.**
- Die Carbonylgruppe zeigt eine Polarität, die zur Ausbildung von **Dipol-Dipol-Wechselwirkungen** führt, die für die vergleichweise hohen Siedepunkte gegenüber den Alkanen verantwortlich sind. Im Vergleich zu den Alkoholen sind die Siedepunkte jedoch geringer, da keine Wasserstoffbrücken ausgebildet werden können.
- **Additionsreaktionen** sind typisch für Aldehyde und Ketone, da diese durch die Polarität der Carbonylgruppe ein **nukleophiles (O-Atom)** und **elektrophiles (C-Atom) Zentrum** aufweisen.
- Bei der **Hydrierung** entstehen aus Aldehyden wieder primäre und aus Ketonen sekundäre Alkohole.
- Durch **Polymerisation** entstehen aus Monomeren lange Polymere, die als Kunststoffe Verwendung finden.
- Als **Nachweisreaktionen für Aldehyde** dienen die **Tollens-Probe** und die **Fehling-Probe**. In diesen wirken die Aldehyde als Reduktionsmittel, da sie selbst oxidiert werden. Hierbei entstehen **Carbonsäuren**. Mit Ketonen reagieren die Proben nicht, da diese nicht weiter oxidiert werden können.

Carbonsäuren

Aufbau und Struktur

Carbonsäuren entstehen, wenn Aldehyde weiter oxidiert werden, z. B. in Verbindung mit der Tollens-Probe. Hierbei erhöht sich die Oxidationszahl des C-Atoms von +I auf +III, indem an die Carbonylgruppe (>C=O) eine Hydroxylgruppe (-OH) gebunden wird. Diese funktionelle Gruppe wird als **Carboxylgruppe (–COOH)** bezeichnet und ist die funktionsgebende Struktur der Carbonsäuren.

$$R-\overset{+I}{C}(=O)H + 2\ OH^{\ominus} \longrightarrow R-\overset{+III}{C}(=O)OH + H_2O$$

Aldehyd → Carbonyl-Gruppe   Carbonsäure → Carboxyl-Gruppe

In Wasser spaltet die Carboxylgruppe ein Proton ab, das sich mit H_2O zu Hydroniumionen verbindet. Das Anion wird als **Carboxylation** bezeichnet. Hierdurch entsteht der Säurecharakter der Carbonsäuren.

$$R-COOH + H_2O \rightleftharpoons R-COO^{\ominus} + H_3O^{\oplus}$$

Carbonsäure   Carboxylat-Ion

Die negative Ladung des O-Atoms delokalisiert sich zwischen den beiden O-Atomen und dem C-Atom, so dass der deprotonierte Zustand mesomeriestabilisiert ist.

Einteilung und Nomenklatur

Die systematischen Namen der Carbonsäuren leiten sich von der Grundstruktur des Kohlenwasserstoffs ab, an den die Endung **-säure** angehängt wird. Gebräuchlicher als die IUPAC-Namen sind jedoch die Trivialnamen, die sich vom Vorkommen der Säuren ableiten (■ Tab. 1).
Ab einer Kettenlänge von vier C-Atomen werden die Carbonsäuren als **Fettsäuren** (s. S. 68/69) bezeichnet. Weist eine Kette mehr als eine Carboxylgruppe auf, so wird sie entsprechend **Di-** oder **Tricarbonsäure** genannt.
Die Nummerierung der C-Atome beginnt immer mit **1** am C-Atom der Carboxylgruppe, die anderen werden fortlaufend nummeriert. Alternativ ist es auch möglich, das **C-2-Atom** als α**-C-Atom**, das C3 als β und das letzte als ω zu bezeichnen.

Eigenschaften

Die Carbonsäuren haben die Eigenschaft, ein Proton abzuspalten. Dadurch entsteht eine negative Ladung an der Carboxylgruppen. Daher werden die Carbonsäuren den **polaren Verbindungen** zugeordnet. Dies ist auch der Grund, warum sich kurzkettige Carbonsäuren gut in Wasser lösen. Je länger jedoch der Kohlenstoffrest wird, desto stärker nimmt der lipophile Charakter zu, und **ab C > 8** sind sie praktisch **wasserunlöslich**.
Durch die Hydroxylgruppe an der Carboxylgruppe sind sie im Gegensatz zu den Aldehyden in der Lage, pro Carboxylgruppe **zwei Wasserstoffbrücken** auszubilden. Daher liegen ihre Siedepunkte höher als die der Aldehyde (Dipol-Dipol-Wechselwirkung) und Alkohole (eine Wasserstoffbrücke).

Dimerisierung von Essigsäuremolekülen

Da mit zunehmender Kettenlänge auch die intermolekularen Wechselwirkungen stärker werden, steigt der Siedepunkt mit der Kettenlänge an.

Säurecharakter

In Verbindung mit Wasser reagieren Carbonsäuren durch die Abgabe eines Protons **sauer** (siehe oben). Wie stark bzw. wie schwach sie als Säure sind, hängt dabei von der Bereitschaft ab, das Proton abzustoßen. Je leichter dieses abgegeben wird, desto saurer ist die Carbonsäure. Die entscheidende Rolle spielen dabei die benachbarten Strukturen der Carboxylgruppe. Sie üben einen sogenannten **induktiven Effekt = I-Effekt** auf die Carboxylgruppe aus (s. S. 72).
Befindet sich am benachbarten C-Atom der Carboxylgruppe beispielsweise ein Halogenatom (Cl, Br), so zieht dieses aufgrund seiner großen Elektronegativität Elektronen zu sich heran und vermindert damit die Elektronendichte der Carboxylgruppe. Dann kann sich das Proton leichter von der Carboxylgruppe lösen und die Carbonsäure reagiert **saurer.** Dies bezeichnet man als **–I-Effekt**.

Systematischer Name	Trivialname	Formel
Monocarbonsäuren (C_nH_{2n+1}-COOH)		
Methansäure	Ameisensäure	H-COOH
Ethansäure	Essigsäure	CH_3-COOH
Butansäure	Buttersäure	C_3H_7-COOH
Hexadecansäure	Palmitinsäure	$C_{15}H_{31}$-COOH
Octadecansäure	Stearinsäure	$C_{17}H_{35}$-COOH
Benzolcarbonsäure	Benzoesäure	C_6H_5-COOH
Hydroxylbenzolcarbonsäure	Salicylsäure	HO-C_6H_4-COOH
Dicarbonsäuren		
Ethandisäure	Oxalsäure	HOOC-COOH
Butandisäure	Bernsteinsäure	HOOC-CH_2-CH_2-COOH
Tricarbonsäuren		
2-Hydroxyltripropionsäure	Zitronensäure	HOOC-CH_2-COHCOOH-CH_2-COOH

■ Tab. 1: Wichtige Carbonsäuren

Reste wie -OH, eine weitere Carboxylgruppe oder -NH$_2$ üben ebenfalls einen −I-Effekt aus. Entsprechend reagiert Chloressigsäure saurer als Essigsäure und Trichloressigsäure saurer als Chloressigsäure.

Chloressigsäure — Milchsäure — Oxalsäure

Reste, die die Elektronendichte erhöhen, üben folglich einen **+I-Effekt** aus. Sie erschweren die Abgabe des Protons. Dadurch reagiert die Carbonsäure weniger sauer. Zu den Substituenten, die einen +I-Effekt ausüben, gehören die Alkylreste. Die Azidität nimmt mit steigender Kettenlänge der Carbonsäure ab. Ameisensäure ist saurer als Essigsäure und diese wiederum saurer als Palmitinsäure.

Reaktionen

Salzbildung

In Verbindung mit Basen bilden die Carbonsäuren nach Verdampfen Salze:

R-COOH + KOH → R-COOK + H$_2$O

Löst man das Salz erneut in Wasser, so zerfällt es in seine Ionen:

R-COO$^-_{aq}$ + K$^+_{aq}$

Um das Carboxylat-Anion zu beschreiben, wird dem Namen der Carbonsäure die Endung **-at** angehängt, teilweise gibt es jedoch auch hier Trivialnamen:

▶ Ameisensäure: Formiat
▶ Essigsäure: Acetat
▶ Oxalsäure: Oxalat
▶ Stearinsäure: Stearat

Salze langkettiger Monocarbonsäuren werden als **Seifen** bezeichnet.

Veresterung

In Verbindung mit Alkoholen lassen sich aus Carbonsäuren unter Wasserabspaltung Carbonsäureester erzeugen:

R´-COOH + HO-R´´ → R´-COO-R´´ + H$_2$O

Zusammenfassung

✱ Die **funktionelle Gruppe der Carbonsäuren** ist die **Carboxylgruppe -COOH**. Sie entsteht, wenn Aldehyde oxidiert werden.

✱ Die gebräuchlichen Namen der Carbonsäuren sind ihre Trivialnamen, die sich vom Vorkommen der Säure ableiten.

✱ Einteilen lassen sich die Carbonsäuren nach der Anzahl ihrer Carboxylgruppen in **Mono-, Di-** und **Tricarbonsäuren.**

✱ Substituenten, die die Elektronendichte der Carboxylgruppe verringern (**−I-Effekt**), führen dazu, dass die Azidität der Carbonsäure **steigt**. Substituenten, die die Elektronendichte erhöhen (**+I-Effekt**), **vermindern** die **Azidität** der Carbonsäure.

✱ Die klassischen Reaktionen der Carbonsäuren sind die Salzbildung und die Veresterung.

Carbonsäureester

Esterbildung

Reagieren Carbonsäuren mit einem primären Alkohol, so kommt es unter Wasserabspaltung zur Bildung von Carbonsäureestern. Dabei läuft die Reaktion in mehreren Teilschritten ab:

1. Schritt

Damit die Reaktion abläuft, benötigt man einen Katalysator in Form einer konzentrierten Säure (z. B. Schwefelsäure) und ein anschließendes Erhitzen. Zwar würde die Reaktion auch auf natürlichem Wege ablaufen, jedoch nur äußerst langsam. Durch die Säure kommt es zur **Protonierung** der Carboxylgruppe und es bildet sich ein positives **Carbokation.**

2. Schritt

In der nun folgenden **nukleophilen Additionsreaktion** lagert sich das O-Atom des Alkohols mit seinem freien Elektronenpaar an das positiv geladene C-Atom (Carbokation) an. Hierdurch entsteht eine positive Ladung am O-Atom des Alkohols: **Oxoniumion.**
Darüber hinaus trägt das C-Atom der Carboxylgruppe nun vier Reste (ursprünglich waren es drei) und ändert damit seine räumliche Struktur von einer trigonal-planaren Form (sp^2-Hybrid durch die Doppelbindung) zu einem Tetraeder (sp^3-Hybrid durch vier Einfachbindungen).

3. Schritt

Durch eine **intramolekulare Umlagerung** gelangt das Proton der ursprünglichen Alkoholgruppe auf das O-Atom der ehemaligen Carboxylgruppe. Anschließend folgt die **Eliminierung eines Wassermoleküls** aus der ehemaligen Carboxylgruppe, wodurch erneut ein **Carbokation** entsteht.

4. Schritt

Damit der Katalysator (H$^+$-Ion) wieder unverändert vorliegt, muss er nun noch im letzten Schritt von der Hydroxylgruppe abgespalten werden, wodurch es zur **Ausbildung des Esters** kommt.

Alle Zwischenschritte sind reversibel, so dass sich ein Gleichgewicht zwischen Hin- und Rückreaktion ausbildet. Dabei wird die **Rückreaktion** als **saure Hydrolyse** (s. u.) bezeichnet.
Die **Umkehrreaktion** der Esterbildung ist die **alkalische Hydrolyse = Verseifung** (siehe weiter unten). Sie ist im Gegensatz zur sauren Hydrolyse nicht reversibel.

Einteilung und Nomenklatur

Die Carbonsäureester lassen sich in Fruchtester, Wachse und Fette/Öle einteilen. Bestimmend für die Gruppenzugehörigkeit sind ihre jeweiligen Komponenten:

- **Fruchtester:** kurzkettige Carbonsäuren + Alkohol
- **Wachse:** langkettige Carbonsäuren + langkettiger Alkohol
- **Fette/Öle:** Fettsäuren + Glycerin

Zur Namensgebung wird als Erstes die **Säure** benannt, dann folgt der Name des Alkylrestes vom **Alkohol,** der auf **-yl** endet, und anschließend wird dem Ganzen die Endung **-ester** angehängt:

- Ester aus Ameisensäure und Methanol: Ameisensäuremethylester
- Ester aus Buttersäure und Propanol: Buttersäurepropylester

Eine andere Nomenklatur erfolgt durch die **IUPAC-Regeln.** Hierbei wird zuerst der Name des Alkylrestes **Alkohol,** endend auf **-yl** genannt, dann folgt die **Säure** mit der Endung **-oat.**

- Ester aus Ameisensäure und Methanol: Methylmethanoat
- Ester aus Buttersäure und Propanol: Propylbutanoat

Eigenschaften

Fruchtester sind farblose, angenehm süß riechende Flüssigkeiten, die sich so gut wie nicht in Wasser lösen lassen, da sie nur eine geringe Polarität der Doppelbindung zwischen dem C- und O-Atom zeigen.
Wachse und **Fette/Öle** sind vollkommen wasserunlöslich und riechen kaum noch. Ihre Siedetemperaturen liegen unter denen von Alkoholen und Carbonsäuren, da sie keine Wasserstoffbrücken untereinander ausbilden können.

Reaktionen

Ester lassen sich auf zweierlei Weise spalten:

Alkalische Hydrolyse
Ein Ester lässt sich mit der alkalischen Hydrolyse vollständig spalten. Sie verläuft ebenso wie die Esterbildung in mehreren Zwischenschritten:

1. Schritt
Dem Ester wird eine Lauge, z. B. KOH, zugefügt, deren OH^--Ionen sich in einer **nukleophilen Additionsreaktion** an das C-Atom der Esterbindung anlagern.

2. Schritt
Nun spaltet sich in einer Eliminierungsreaktion ein **Alkoholat-Ion** ab.

3. Schritt
Das Proton der Carboxylgruppe wird auf das Alkoholat-Ion übertragen, wodurch dieses zum Alkohol wird. Das entstandene Carboxylat-Ion verbindet sich mit dem Kalium-Ion zu einem **Salz,** weshalb die alkalische Hydrolyse auch als **Verseifung** bezeichnet wird. Diese Reaktion ist **irreversibel**. Dadurch wird die Carbonsäure dem Gleichgewicht entzogen und die Reaktion verschiebt sich vollständig auf die Seite der Spaltprodukte des Esters.

Saure Hydrolyse
Die zweite Möglichkeit, Carbonsäureester zu spalten, ist die saure Hydrolyse. Man erhitzt den Carbonsäureester mit Wasser unter der Zugabe einer mineralischen Säure, so wird er wieder in die Carbonsäure und den Alkohol rückgeführt. Die saure Hydrolyse stellt somit die **Rückreaktion der Esterreaktion** dar, da diese in allen ihren Teilschritten **reversibel** ist und sich somit ein Gleichgewicht zwischen Hin- und Rückreaktion einstellen kann.

Das zugehörige Massenwirkungsgesetz lautet:

$$K = \frac{[\text{Ester}] \times [\text{Wasser}]}{[\text{Säure}] \times [\text{Alkohol}]}$$

Die Rückreaktion ist zu begünstigen, indem ein Überschuss an Wasser zugegeben wird (s. S. 30/31). Vollständig lassen sich Ester jedoch auf diese Weise nicht spalten.

Zusammenfassung
- Carbonsäureester entstehen in einer **Eliminierungs-Additionsreaktion** (Esterreaktion) aus einer **Carbonsäure** und einem **primären Alkohol.**
- Carbonsäureester lassen sich nach ihren Bestandteilen in **Fruchtester, Wachse** und **Fette/Öle** einteilen.
- Es gibt zwei verschiedene **Nomenklaturregeln** der Carbonsäureester:
  - Säure-Alkohol-yl-ester
  - Alkohol-yl-Säure-oat
- Ester lassen sich durch die **alkalische (irreversibel)** und die **saure (reversibel) Hydrolyse** wieder spalten.

Fette und Seifen

Fette

Aufbau

Fette/Öle sind Ester des dreiwertigen Alkohols **Glycerin** (1, 2, 3-Propantriol), dessen drei Alkoholgruppen jeweils mit einer langkettigen Monocarbonsäure = **Fettsäure** verestert sind. Folglich werden diese Fette auch **Triacylglycerine (TAG)** genannt oder kurz **Triglyceride**.

```
              O
              ||
      H₂C-O-C-C₁₇H₃₁   (Linolsäure)
              O
              ||
Glycerin  HC-O-C-C₁₅H₃₁   (Palmitinsäure)
              O
              ||
      H₂C-O-C-C₁₇H₃₃   (Ölsäure)
```

Die Fettsäuren lassen sich in zwei Gruppen unterteilen:

Gesättigte Fettsäuren

Ihre Kohlenwasserstoffkette enthält **keine Doppelbindungen**. Daher ist jedes einzelne C-Atom sp^3-**hybridisiert** (vier Einfachbindungen) und zeigt die Form eines **Tetraeders** mit einem Bindungswinkel von 109°. Diese räumliche Struktur führt dazu, dass die Kette eine regelmäßige **Zickzack-Struktur** aufweist.

Ungesättigte Fettsäuren

Ihre Kohlenwasserstoffkette enthält eine oder mehrere **Doppelbindungen**. Die Position der Doppelbindung wird mit einem **Delta** (Δ) gefolgt von der Nummer des C-Atoms, an dem die Doppelbindung beginnt, gekennzeichnet. Δ^9 bedeutet, dass sich die Doppelbindung in der Kette zwischen C-Atom Nummer 9 und 10 befindet. Die H-Atome der Doppelbindung liegen dabei in der **cis-Form** (s. S. 54/55). Alternativ ist es auch möglich, die Nummerierung der Doppelbindungen vom letzten C-Atom ausgehend zu starten. Bei einer **ω-3-Fettsäure** befindet sich die Doppelbindung drei C-Atome vom letzten C-Atom entfernt.

Fettsäuren mit Doppelbindungen bis zum neunten C-Atom kann der menschliche Körper selbst herstellen. Ab dem zehnten C-Atom ist es ihm nicht möglich, Doppelbindungen zu synthetisieren, so dass diese Fettsäuren mit der Nahrung aufgenommen werden müssen. Diese Fettsäuren nennt man **essenziell**.

Die Doppelbindung führt dazu, dass die C-Atome an dieser sp^2-**hybridisiert** sind und eine **trigonal-planare** Form mit einem Bindungswinkel von 120° zeigen. Dadurch erhält die Zickzack-Kette an jeder Doppelbindungsstelle einen **Knick**.

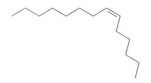

Eigenschaften

Fette/Öle sind **keine Reinstoffe**, da sich die einzelnen Moleküle, die das Fett/Öl bilden, unterscheiden:

▶ Es liegen innerhalb eines TAGs verschiedene Fettsäuren vor **(intramolekulares Gemisch)**.
▶ Es liegen innerhalb eines Fettes/Öls verschiedene TAGs **(intermolekulares Gemisch)** vor.

Dadurch zeigen Fette/Öle keinen Schmelz- und Siedepunkt wie Reinstoffe, sondern **Schmelz - und Siedebereiche**. **Öle** unterscheiden sich von den Fetten darin, dass sie bereits bei Raumtemperatur **flüssig** sind. Die Ursache liegt in ihrem höheren Anteil an mehrfach **ungesättigten Fettsäuren** in ihren TAGs. Durch den Knick an jeder Doppelbindung können sich die einzelnen Fettsäuren nicht parallel zueinander ausrichten. Folglich sind ihre Wechselwirkungen untereinander schwächer als bei gesättigten Fettsäuren, die parallel liegen. Dies ist auch der Grund, warum Öle schon bei geringeren Temperaturen schmelzen: Je höher der Anteil an ungesättigten Fettsäuren, desto niedriger ist der Schmelzbereich.

Seifen

Aufbau

Seifen sind **Salze der Fettsäuren**, die sich auf zweierlei Wegen herstellen lassen:

▶ bei der **alkalischen Hydrolyse** von Fetten (Verseifung oder Seifensieden, s. S. 66/67)
▶ oder direkt aus Fettsäuren durch die **Neutralisation mit Laugen** (s. S. 68/69).

Wird als Lauge Kalilauge verwendet, entsteht **Schmierseife**, bei Natronlauge die harte **Kernseife**.

Eigenschaften

Lösungen der Carbonsäuresalze (Seifen) **schäumen** und weisen einen **stark alkalischen pH-Wert** auf, da das Anion der

Trivialname	Systematischer Name	Formel	Anzahl C-Atome
Gesättigte Fettsäuren ($C_nH_{2n+1}COOH$)			
Palmitinsäure	Hexadecansäure	$C_{15}H_{31}COOH$	16
Stearinsäure	Octadecansäure	$C_{17}H_{35}COOH$	18
Ungesättigte Fettsäuren (C_nH_{2n+1}-2xDoppelbindungsanzahlCOOH)			
Ölsäure	Δ^9-Octadensäure	$C_{17}H_{33}COOH$ (ω-9)	18
Linolsäure	$\Delta^{9,\,12}$-Octadiensäure	$C_{17}H_{31}COOH$ (ω-6)	18
Linolensäure	$\Delta^{9,\,12,\,15}$-Octatriensäure	$C_{17}H_{29}COOH$ (ω-3)	18
Arachidonsäure	$\Delta^{5,\,8,\,11,\,14}$-Eicosatetraensäure	$C_{19}H_{31}COOH$ (ω-6)	20

■ Tab. 1: Wichtige Fettsäuren

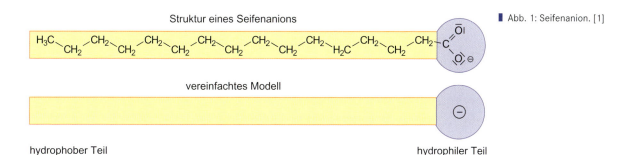
Abb. 1: Seifenanion. [1]

Carbonsäure (R-COO⁻) als starke Base reagiert und dem Wasser ein H⁺-Teilchen entzieht, so dass beim Lösen Hydroxidionen (OH⁻) entstehen.

Kommt Haut über einen längeren Zeitraum mit Seifenlösung in Kontakt, so wirkt diese durch den alkalischen pH-Wert **hautschädigend,** da der pH-Wert der Haut bei 5,5 liegt. Daher werden heutzutage vor allem pH-neutrale Seifen **(Tenside)** verwendet, in denen statt einer schwachen Carbonsäure (Anion = starke Base) eine stark saure Sulfonsäuregruppe (Anion -SO$_3^-$ = schwache Base) verwendet wird.

Des Weiteren sind Seifen **Emulgatoren:** Sie sind in der Lage, Fette in Wasser zu lösen. Dies wird vor allem beim Waschen genutzt. Diese Eigenschaft erhalten sie durch ihre chemische Struktur, die aus einem **hydrophilen (Carboxylatgruppe)** und einem **lipophilen (Fettsäureschwanz) Anteil** bestehen (Abb. 1).

Stoffe, die die beiden Eigenschaften lipophil und hydrophil in sich vereinen, werden als **amphiphil** oder **amphipathisch** bezeichnet.

Waschwirkung

Füllt man ein Glas maximal mit Wasser, so bildet sich eine leicht gewölbte Oberfläche, die den Glasrand geringfügig überragt. Wird nun ein Tropfen Seife ins Wasser gegeben, so flacht sich die Oberfläche ab, und das überschüssige Wasser fließt ab. Die Oberfläche hat dabei durch die Seife ihre Spannung verloren, bzw. die **Oberflächenspannung** wurde **verringert.** Ursache hierfür ist, dass die Seifenmoleküle einen **Monolayer** an der Grenzfläche zwischen Wasser und Luft ausbilden, bei dem die hydrophoben Schwänze in die Luft und die hydrophilen Köpfe ins Wasser ragen. Hierdurch können sich an der Oberfläche zwischen Wasser und Luft keine Wasserstoffbrücken, sondern nur noch schwache Van-der-Waals-Kräfte ausbilden, die nicht mehr in der Lage sind, die gewölbte Oberfläche aufrechtzuerhalten.

Gleiches geschieht auch an der Oberfläche von hydrophobem Schmutz, wie z. B. Fettflecken. Dieser wird dadurch leichter benetzt, Wasser dringt in den Schmutz ein und löst diesen im Wasser auf. Hierbei bilden sich **Mizellen** aus Schmutz und Seifenmolekülen, in deren Innerem sich der Schmutz und die hydrophoben Schwänze befinden und deren Hülle aus den hydrophilen Köpfen gebildet wird.

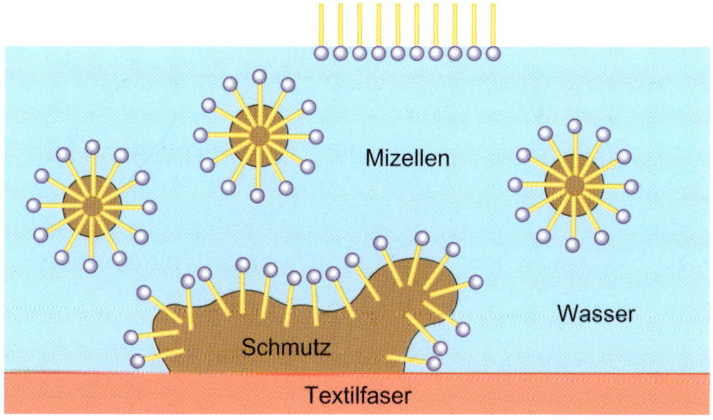

Zusammenfassung

* Fette sind Ester aus **Glycerin** und **drei Fettsäuren**.
* **Fettsäuren** lassen sich in **gesättigte** (keine Doppelbindungen) und **ungesättigte** (enthalten Doppelbindungen) unterscheiden.
* Fette/Öle sind **keine Reinstoffe,** sondern weisen ein intra- und intermolekulares Gemisch an TAGs auf. Daher zeigen sie keine Schmelz- und Siedepunkte, sondern **Schmelz- und Siedebereiche**.
* **Öle** enthalten gegenüber den Fetten einen höheren Anteil an **ungesättigten Fettsäuren**. Da diese schwächere inter- und intramolekulare Kräfte ausbilden können, liegt der **Schmelzbereich niedriger als bei den Fetten.**
* **Seifen** sind **Salze der Fettsäuren,** die durch Verseifung oder die Neutralisation von Fettsäuren mit Lauge entstehen.
* Beim Lösen schäumen **Seifen** und bilden eine **stark alkalische Lösung**.
* Durch ihren **amphiphilen Charakter** sind sie in der Lage, Fette in Wasser zu **emulgieren** und finden daher als **Waschsubstanzen** Verwendung.

Abb. 2: Waschwirkung. [1]

Organische Reaktionen I

Bindungstrennung

Damit Stoffe reagieren können, müssen die Elektronenpaarbindungen, die ihre Atome miteinander verknüpfen, getrennt werden. Hierbei gibt es zwei Arten der Bindungstrennung:

▶ homolytische Bindungstrennung
▶ heterolytische Bindungstrennung

Homolytische Bindungstrennung
Wird eine Bindung so getrennt, dass sich die darin befindlichen Elektronen **gleichmäßig** auf beide Atome der ehemaligen Bindung verteilen, so nennt man dies homolytische Bindungstrennung. Hierbei bilden sich zwei **Radikale**, die jeweils ein ungepaartes Elektron enthalten:

R-C-C-R + UV → R-C· + ·C-R

Da dieser Zustand äußerst ungünstig ist, reagieren die Radikale sehr schnell weiter, um wieder gepaarte Elektronen zu erhalten. Die hierbei stattfindenden Reaktionen sind die **radikalische Addition** und **Substitution**. Häufigste Ursache für die Radikalbildung sind UV- und Röntgenstrahlen.

Heterolytische Bindungstrennung
Wird eine Bindung hingegen so getrennt, dass sich die darin befindlichen Elektronen **ungleichmäßig** auf beide Atome der ehemaligen Bindung verteilen, so nennt man dies heterolytische Bindungstrennung. Hierbei bilden sich zwei **entgegengesetzt geladene Ionen**.

R-C-C-R → R-C$^+$ + $^-$C-R

Das Kation wird bei Kohlenwasserstoffen **Carbokation (+)** und das Anion als **Carbanion (−)** bezeichnet. Die Ionen der heterolytischen Bindungstrennung reagieren leicht mit entgegengesetzt geladenen Teilchen.

▶ Das Carbokation reagiert mit Anionen, die aufgrund ihrer Ladung nukleophil sind.
▶ Das Carbanion reagiert mit Kationen, die elektrophil sind.

Additionsreaktionen

Kohlenwasserstoffe mit Mehrfachbindungen streben danach, weitere Teilchen in einer Additionsreaktion an ihre Doppelbindungen anzulagern. Hierdurch entstehen neue Einfachbindungen. Je nachdem, was für einen Charakter das an die Doppelbildung „angreifende" Teilchen zeigt, wird unterschieden zwischen:

▶ elektrophiler Addition
▶ nukleophiler Addtion
▶ radikalischer Addition

Elektrophile Addition
Die elektrophile Addition ist die typische Reaktion der **Alkene, Aldehyde** und **Ketone**. Durch diese Addition entstehen aus Alkenen Halogenalkane, indem sich Halogenatome an die Doppelbindung anlagern. Daher bezeichnet man die Reaktion auch als **Halogenierung**.
Beispiel: So entsteht aus Ethen mit Brom Bromethan.

Schritt 1
Das Brommolekül wird durch die Einwirkung der Elektronen aus der Doppelbindung polarisiert.

δ^- δ^+
Br—Br   C=C

Schritt 2
Es erfolgt eine heterolytische Bindungstrennung des Brommoleküls, wobei sich das positive Brom-Ion an die Doppelbindung anlagert. Es entsteht ein π-Komplex. Das Kation wird als Bromoniumion und das Anion als Bromidion bezeichnet.

Schritt 3
Durch Umlagerung entsteht ein Carbokation.

Schritt 4
In einer nun folgenden nukleophilen Addition des Bromidions an das Carbokation entsteht Bromethan.

Nukleophile Addition
Auch die nukleophile Addition ist eine klassische Reaktion der **Alkene**. In ihr entstehen durch eine **Hydratisierung** aus Alkenen und Wasser Alkohole. Da die Reaktion nicht freiwillig abläuft, muss sie durch die Zugabe einer Säure katalysiert werden.

Beispiel: Betrachten wir die Entstehung von Ethanol aus Ethen:

Schritt 1
Die Protonen der Säure lagern sich in die Doppelbindung an. Hierdurch entsteht ein Carbokation.

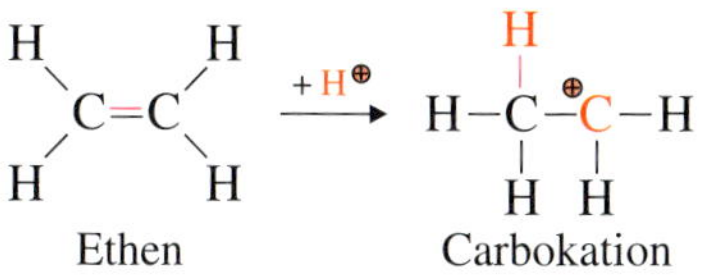

H₂C=CH₂ (Ethen) + H⁺ → H₃C–CH₂⁺ (Carbokation)

Schritt 2
An das Carbokation lagert sich als nukleophiles Teilchen Wasser an. Es entsteht ein protonierter Alkohol.

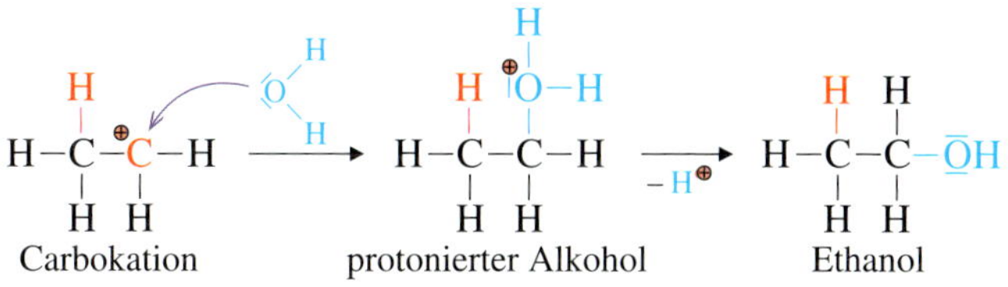

Carbokation + H₂O → protonierter Alkohol → (−H⁺) Ethanol

Schritt 3
Aus dem protonierten Alkohol wird ein Proton abgespalten und es entsteht Ethanol. Hierdurch wird der Katalysator wieder freigesetzt und liegt nach Beendigung der Reaktion unverändert vor.

Radikalische Addition
Die radikalische Addition ist eine **Polymerisationsreaktion**, bei der aus kurzen Molekülen (Monomere) lange Ketten (Polymere) gebildet werden (Abb. 1). Die Radikalbildung (**Starterreaktion/Kettenstart**) erfolgt zumeist durch die Einwirkung von Strahlung.

Die Polymerisation ist eine Kettenreaktion, bei der ein Radikal weitere Radikale erzeugen kann, so dass sich Reaktionszyklen (**Kettenfolgereaktion**) mit mehreren hundert bis tausend Wiederholungen ergeben. Zum Erliegen kommt die Kettenreaktion erst, wenn die Radikale miteinander reagieren (**Kettenabbruch**).

Durch eine Polymerisationsreaktion entsteht Polyethylen aus Ethen.

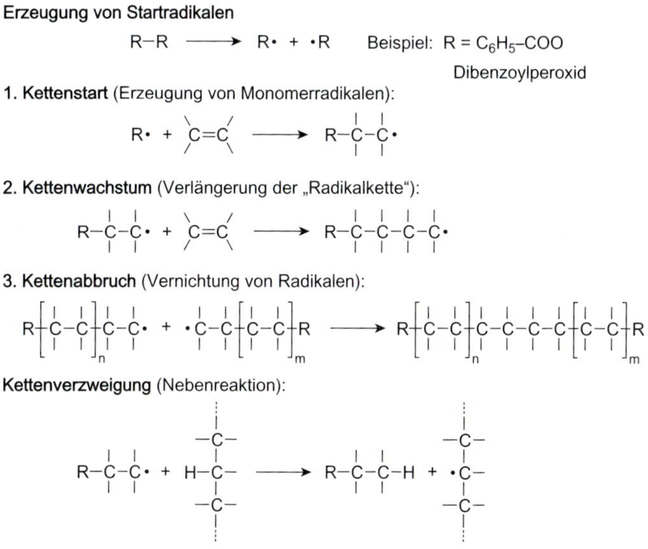

Erzeugung von Startradikalen
R–R ⟶ R• + •R   Beispiel: R = C_6H_5–COO (Dibenzoylperoxid)

1. **Kettenstart** (Erzeugung von Monomerradikalen):
R• + C=C ⟶ R–C–C•

2. **Kettenwachstum** (Verlängerung der „Radikalkette"):
R–C–C• + C=C ⟶ R–C–C–C–C•

3. **Kettenabbruch** (Vernichtung von Radikalen):
R–[C–C]ₙ–C–C• + •C–C–[C–C]ₘ–R ⟶ R–[C–C]ₙ–C–C–C–C–[C–C]ₘ–R

Kettenverzweigung (Nebenreaktion):
R–C–C• + H–C ⟶ R–C–C–H + •C

Das gebildete Radikal kann wie in 2. mit dem Monomer reagieren.

Abb. 1: Polymerisationsreaktion: Bildung von Polyethylen aus Ethen. [1]

Zusammenfassung

✻ Bei der **Bindungstrennung** wird zwischen **homolytischem** und **heterolytischem** Typus unterschieden.

✻ Eine klassische **elektrophile Addition** ist die **Halogenierung** der Alkene. In dieser entstehen die Halogenalkane.

✻ Eine klassische **nukleophile Addition** ist die **Hydratisierung** der Alkene. In dieser entstehen die Alkohole.

✻ Die **radikalische Addition** ist eine **Polymerisationsreaktion,** bei der aus **Monomeren,** meist kurze Alkene, **Polymere** entstehen.

Organische Reaktionen II

Eliminierung

Die Umkehrreaktion der Addition ist die **Eliminierung**. In dieser Reaktion werden Einfachbindungen zu Doppelbindungen, indem an zwei benachbarten C-Atomen jeweils ein Substituent abgespalten wird (Abb. 2).

Wird von einem **Alkan** Wasserstoff abgespalten, so spricht man von einer **Dehydrierung**. Es entsteht ein Alken. Ihre Umkehrreaktion ist die Hydrierung (s. S. 54/55).

Werden von einem **Alkohol** ein H- und eine OH-Gruppe abgespalten (zusammen H_2O), so entsteht ebenfalls ein Alken. Dieses Vorgang nennt man **Dehydratisierung** und ihre Umkehrreaktion Hydratisierung.

Substitutionsreaktionen

Bei der Substitutionsreaktion ersetzt ein anderes Teilchen einen Teil der Atome im Molekül. Es findet ein Austausch statt. Dabei lassen sich drei Grundtypen unterscheiden:

▶ elektrophile Substitution
▶ nukleophile Substitution
▶ radikalische Substitution

Elektrophile Substitution

Die elektrophile Substitution ist die klassische Reaktion der **Aromaten**, bei der ein Substituent des Ringes (meist ein H-Atom) durch einen anderen ersetzt wird. Diese Reaktion verläuft in 3 Teilschritten (*Beispiel:* Halogenierung von Benzol, Abb. 3).

Schritt 1: Unter Zuhilfenahme eines Katalysators wird ein **elektrophiles Teilchen** hergestellt: Brom wird unter Zugabe der Lewis-Säure Aluminium(III)bromid polarisiert und anschließend heterolytisch gespalten. Dabei entsteht das nukleophile Brom-Anion. Dieses wird an das Aluminium(III)bromid gebunden.

Schritt 2: Das elektrophile Brom-Kation addiert sich an die negative Ladungswolke der π-Elektronen des Benzols. Dadurch kommt es zur Ausbildung eines Übergangszustandes, der als **π-Komplex** bezeichnet wird. Diesem folgt die Entstehung des **Carbokations**. Hierdurch verliert der Ring teilweise die delokalisierten π-Elektronen, da an einem C-Atom nun vier Substituenten gebunden sind. Dadurch können die C-Atome keine Doppelbindungen mehr ausbilden.

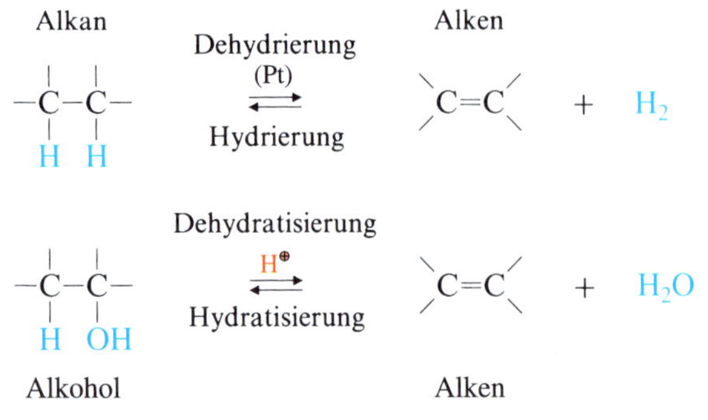

Schritt 3: Durch die Abgabe eines Protons erfolgt die **Rearomatisierung**, und es entsteht Brombenzol. Das Proton reagiert mit dem $AlBr_4$ zu Bromwasserstoff und $AlBr_3$. Somit liegt der Katalysator nach Abschluss der Reaktion wieder unverändert vor.

Wird ein Benzolring ein weiteres Mal substituiert, so spricht man von einer **Zweitsubstitution**. Dabei kann der zweite Substituent in **ortho-**, **meta-** oder **para-Stellung** zum ersten Substituenten stehen. Ob und welche Position er einnimmt, hängt dabei vom Erstsubstituenten und dessen Einfluss auf den Benzolring ab (s. S. 56/57).

I-Effekt

Der **induktive Effekt** beschreibt die Eigenschaft des Erstsubstituenten, Elektronen in den Ring zu „schieben" bzw. diesem zu entziehen und hängt von der Elektronegativitätsdifferenz zwischen dem C-Atom und dem Substituenten ab:

▶ Substituenten, die Elektronen liefern, **erhöhen** die Chance einer Zweitsubstitution (**+I-Effekt**): Alkylgruppe (-R), Alkoxygruppen (R-O-)
▶ Substituenten, die Elektronen entziehen, **vermindern** die Chance einer Zweitsubstitution (**–I-Effekt**): $-NH_2$, $-NO_2$, $-OH$, $-Cl$

M-Effekt

Der **mesomere Effekt** beschreibt die Fähigkeit eines Substituenten, zusammen mit dem Ring mesomere Grenzstrukturen auszubilden.

Obwohl manche Substituenten einen –I-Effekt zeigen, erhöhen sie dennoch die Elektronendichte im Ring, weil ihre Elektronenpaare Wechselwirkungen mit den π-Elektronen des Rings eingehen und diesen so stabilisieren. Der M-Effekt überwiegt den I-Effekt.

Der M-Effekt wirkt sich vor allem auf die **Position** des Zweitsubstituenten aus:

▶ Erstsubstituenten, die ihre freien Elektronenpaare in die Mesomerie des Ringes mit einbringen (**+M-Effekt**), dirigieren den Zweitsubstituenten in **ortho-** oder **para-Stellung**.

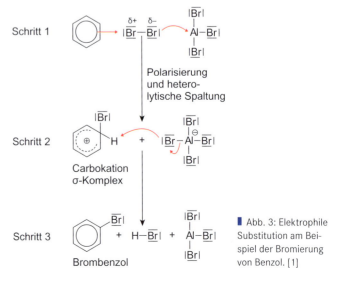

Abb. 2: Eliminierung. [3]

Abb. 3: Elektrophile Substitution am Beispiel der Bromierung von Benzol. [1]

► Erstsubstituenten, die ihre freien Elektronenpaare nicht in die Mesomerie des Ringes mit einbringen (**–M-Effekt**), dirigieren den Zweitsubstituenten in **meta-Stellung**.

Nukleophile Substitution

Bei einer nukleophilen Substitution wird ebenfalls ein Teilchen durch ein anderes im Molekül ersetzt, nur handelt es sich im Gegensatz zur elektrophilen Substitution jetzt um ein nukleophiles – also positive Ladung liebendes – Teilchen. Wird ein Halogenalkan mit einer starken Base versetzt, so lösen die OH⁻-Ionen die Halogenatome aus dem Alkan heraus. Es entsteht ein Alkohol.

$$H_3\text{-C-Cl} + OH^- \rightarrow H_3\text{-C-OH} + Cl^-$$

Dabei sind je nach Reaktionsordnung zwei verschiedene Mechanismen denkbar.

S_N1-Mechanismus

Die **uni**molekulare **n**ukleophile **S**ubstitution (S_N1) verläuft in **zwei Schritten**. Im Verlauf kommt es so zur Ausbildung eines **Zwischenproduktes**.
Schritt 1: Im ersten Schritt findet eine Dissoziation statt, in der das Halogenmolekül (hier Chlor) den Kohlenwasserstoff verlässt und ein positiv geladenes Carbenium-Ion zurückbleibt. Hierbei ändert sich die Raumstruktur des C-Atomes von einem Tetraeder (sp³) zu einer trigonal-planaren Struktur (sp²) durch den Verlust des Substituenten. Dieser Schritt stellt den langsameren Teil der Reaktion dar und ist somit geschwindigkeitsbestimmend.

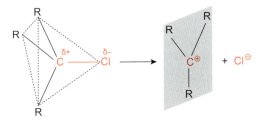

Schritt 2: Im zweiten Schritt wird das positive Carbeniumion durch das nukleophile OH⁻-Ion „angegriffen". Es entsteht ein Alkohol. Dieser weist wieder die Struktur eines Tetraeders (sp³) auf.

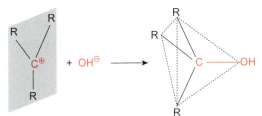

S_N2-Mechanismus

Die **bi**molekulare **n**ukleophile **S**ubstitution (S_N2) ist ein **einstufiger Prozess**, bei dem es zur Ausbildung eines **Übergangszustandes** kommt. In diesem sind sowohl das Halogen-Atom als auch die OH⁻-Ionen am C-Atom gebunden. Sobald sich die Bindung zwischen dem Halogen und dem C-Atom löst, entsteht die Bindung zwischen C-Atom und OH⁻-Gruppe.

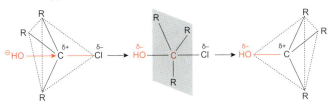

Radikalische Substitution

Die radikalische Substitution ist, wie die radikalische Addition, eine **Kettenreaktion**, bei der **weitere Radikale erzeugt** werden. Sie kann ohne Weiteres hunderte bis tausende von Zyklen durchlaufen. Die typische radikalische Substitution ist die Bildung der **Halogenalkane**. Hier wird der Wasserstoff eines Alkans durch ein Halogen ersetzt.
Beispiel: Werden z. B. Chlor- und Methangas gemischt und mit UV-Licht bestrahlt, entsteht schlagartig Chlormethan. Dabei laufen folgende Zwischenschritte ab:

► **Kettenstart:** Durch die UV-Bestrahlung entstehen Chlor-Radikale (mit einem Punkt gekennzeichnet): $Cl_2 + UV \rightarrow 2 Cl\cdot$
► **Kettenfortpflanzung:** Diese Chlor-Radikale greifen H-Atome des Methans an und bilden mit diesem Chlorwasserstoff. Zurück bleibt ein Methyl-Radikal: $CH_4 + Cl\cdot \rightarrow CH_3\cdot + HCl$
► **Kettenfortpflanzung:** Das Methyl-Radikal reagiert seinerseits mit einem Cl_2-Molekül und entreißt diesem ein Chloratom. Hierdurch entstehen ein Chlormethan und ein Chlor-Radikal: $CH_3\cdot + Cl_2 \rightarrow CH_3\text{-}Cl + Cl\cdot$
► **Kettenabbruch:** Das Chlor-Radikal reagiert nun wiederum mit einem Methan-Molekül. Es entsteht eine Kettenreaktion. Diese kommt erst zum Erliegen, wenn zwei Radikale miteinander reagieren: z. B.: $CH_3\cdot + Cl\cdot \rightarrow CH_3\text{-}Cl$, $CH_3\cdot + CH_3\cdot \rightarrow C_2H_6$ oder $Cl\cdot + Cl\cdot \rightarrow Cl_2$

Die Kettenabbruchreaktion erklärt die geringe Konzentration von Ethan im Chlormethan.

Zusammenfassung

✱ In der **Eliminierungsreaktion** werden Einfachbindungen zu Doppelbindungen, indem an benachbarten C-Atomen jeweils ein Substituent entfernt wird. Zu diesem Reaktionstyp gehören die Dehydrierung (H_2) und die Dehydratisierung (H_2O).

✱ Die **elektrophile Substitution** verläuft in drei Teilschritten: 1. Herstellung des Elektrophils, 2. Bildung einses π-Komplexes und anschließend des Carbokations, 3. Rearomatisierung.

✱ Bei der **nukleophilen Substitution** lassen sich der S_N1- und der S_N2-**Typ** unterscheiden.

✱ Die **radikalische Substitution** ist typisch für die Entstehung der Halogenalkane aus Alkanen und Halogenen.

Isomerie I

Weisen zwei Moleküle zwar die gleichen Atome (gleiche Summenformel), aber eine unterschiedliche räumliche Anordnung der Atome auf, so werden sie als Isomere bezeichnet (Abb. 1). Hierbei lassen sich unterscheiden:

▶ **Konstitutionsisomere:** gleiche Summenformel, unterschiedliche Reihenfolge/Verknüpfung
▶ **Stereoisomere:** gleiche Summenformel, gleiche Reihenfolge, unterschiedliche räumliche Struktur

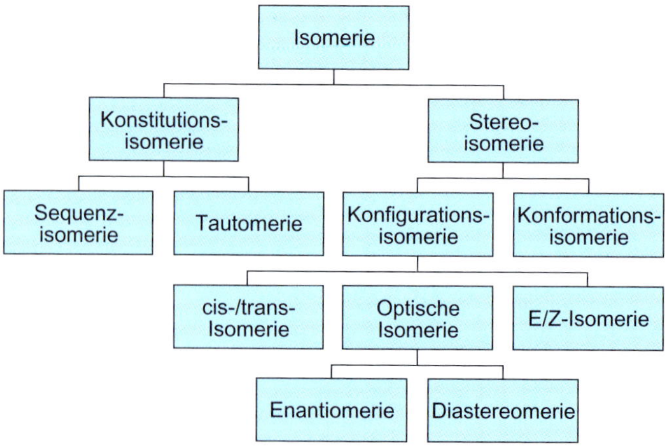

Abb. 1: Isomerie-Typen. [1]

Konstitutionsisomerie

Konstitutionsisomere/Strukturisomere haben die gleichen Atome, innerhalb des Moleküls sind diese jedoch anders miteinander verknüpft. Das heißt, die Stoffe verfügen zwar über die **gleiche Summenformel**, aber über **unterschiedliche Strukturformeln**. Zur Konstitutionsisomerie gehören:

▶ Sequenzisomerie
▶ Tautomerie

Sequenzisomerie

Sequenzisomere zeigen eine unterschiedliche Reihenfolge ihrer Atome innerhalb des Moleküls. Dabei können sich Moleküle dadurch unterscheiden, dass:

▶ sie unterschiedliche **Verzweigungen** ihrer Kette aufweisen: C_5H_{12} zeigt drei Isomere, das n-Pentan, 2-Methyl-Butan und 3-Methyl-Butan (s. S. 52/53).
▶ die **Doppelbindungen** an anderer Position auftreten: Beim Buten kann die Doppelbindung entweder zwischen C1 und C2 (1-Buten) oder zwischen C2 und C3 (2-Buten) liegen (s. S. 54/55).
▶ die **Substituenten am Ring** in unterschiedlichen Positionen auftreten: Beim Dihydroxybenzol kann die zweite Alkoholgruppe in ortho-, meta- oder para-Stellung zur ersten stehen (s. S. 56/57).
▶ ihre **funktionellen Gruppen** an unterschiedlichen Stellen im Molekül gebunden sind. Beim Propanol kann die Alkoholgruppe endständig auftreten (1-Propanol) oder in der Mitte des Moleküls (2-Propanol) (s. S. 58/59).

▶ sie **unterschiedliche funktionelle Gruppen** tragen: Dimethylether $CH_3\text{-}O\text{-}CH_3$ und Ethanol $CH_3\text{-}CH_2\text{-}OH$.

Tautomerie

Die Tautomerie lässt sich am besten am Beispiel der Fructose/Glucose erklären. Fructose und Glucose haben die gleiche Summenformel ($C_6H_{12}O_6$). Die Fructose ist eine Hexose mit einer Keto-Gruppe, während die Glucose eine Aldehydgruppe aufweist (s. S. 78/79).

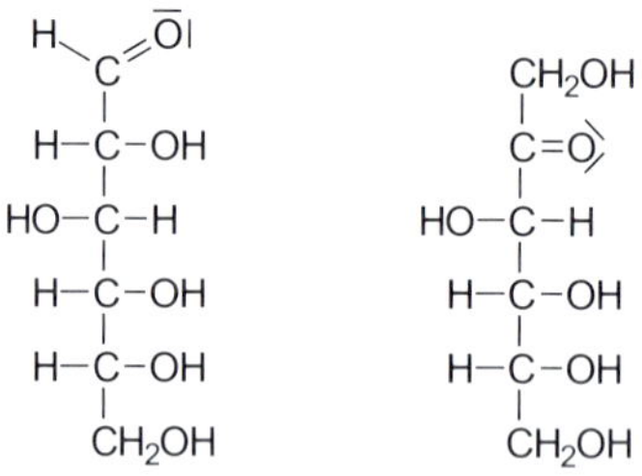

D-Glucose   D-Fructose

Beide Verbindungen lassen sich durch eine **intramolekulare Protonen- und Elektronenverschiebung** ineinander umlagern. Die Umlagerung wird durch Zugabe von Hydroxidionen katalysiert. Dabei kommt es zur Ausbildung einer Zwischenstufe, der **Enol-Form**.

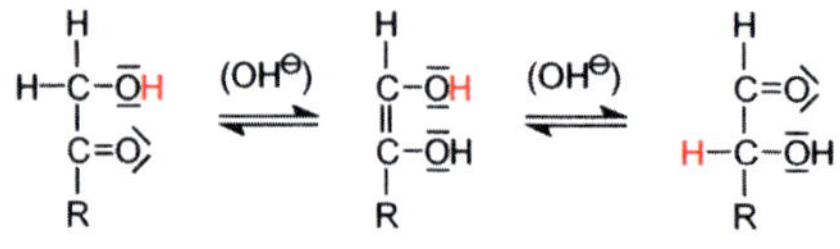

D-Fructose   Enolform   D-Glucose

Folglich stehen Glucose und Fructose miteinander über die Enol-Form im Gleichgewicht und werden daher als **Tautomere** bezeichnet. Die Umlagerung entsprechend als **Keto-Enol-Tautomerie**.

Stereoisomerie I

Stereoisomere weisen die gleiche Summenformel, die gleiche Reihenfolge der Atome, jedoch eine andere räumliche Anordnung auf. Unterformen sind die:

▶ Konformationsisomerie
▶ Konfigurationsisomerie

Konformationsisomerie

Konformere entstehen dadurch, dass sich Atome oder Atomgruppen um ihre **Einfachbindungen drehen** und somit ihre Position im Raum ändern. Die Energie hierfür ist gering, so dass schon die durch die Raumtemperatur zugeführte Energie ausreicht, um die Drehung auszulösen. Daher lagern sich die Konformere ständig um, so dass es nicht möglich ist, ein einzelnes zu isolieren. Es wird unterschieden zwischen:

▶ kettenförmigen Konformationsisomeren
▶ zyklischen Konformationsisomeren

Kettenförmige Konformationsisomere

Beim Ethan ist es möglich, dass sich das eine C-Atom mit seinen H-Atomen so gegen das andere C-Atom dreht, so dass die H-Atome nicht mehr auf einer Linie liegen (wenn man von vorne auf das Molekül schaut). Man spricht hierbei von **gestaffelter Position**. Liegen die H-Atome auf einer Linie, so liegt eine

verdeckte Position vor. Beide Formen sind Konformationsisomere des Ethans (Abb. 2).
Um dies darstellen zu können, bedient man sich verschiedener Schreibweisen:

▶ **Newman-Projektion:** Betrachtung entlang der Längsachse des Moleküls, die als Kreis dargestellt wird. Von dessen Mittelpunkt gehen die nahen Bindungen aus, während die entfernten am Kreisumfang entspringen.
▶ **Sägebock-Projektion:** stellt die Längsachse als perspektivische Diagonale dar, bei der der Anfang vorne links und das Ende hinten rechts liegen.
▶ **Keilstrich-Formeln:** hierbei ragen ausgefüllte Keile aus der Ebene nach vorne heraus, gerade Linien liegen in der Ebene und gestrichelte ragen nach hinten heraus.

Zyklische Konformationsisomere

Dadurch, dass im Zyklohexanring die C-Atome sp³-hybridisiert sind, kann dieser keine planare Struktur annehmen (s. S. 56/57), sondern ist in sich geknickt. Dies führt zur **Sessel-** und **Wannenform**. In diesen können die H-Atome entweder **senkrecht = axial** (a) zur Ebene oder **seitlich = äquatorial** (e) stehen (Abb. 3). Weil in der Sesselform die H-Atome einen größeren Abstand zueinander haben, ist diese energetisch günstiger und wird sich somit vermehrt ausbilden.
Eine Sesselform kann in die andere über die Wannenform umklappen, dabei ändern sich die H-Atome in ihrer Ausrichtung, aus äquatorialen werden axiale und umgekehrt.

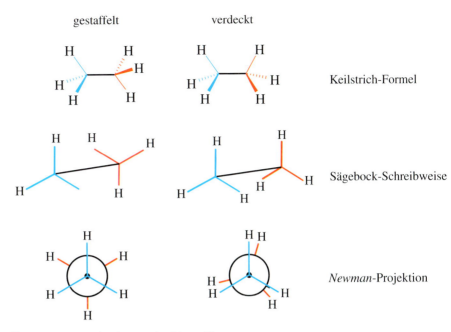

Abb. 2: Konformationsisomere des Ethans. [2]

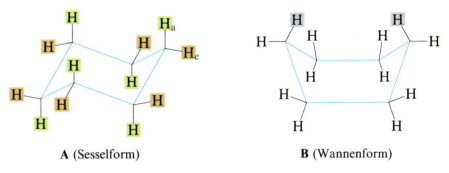

Konformere des Cyclohexans

Abb. 3: Sessel- und Wannenform des Zyklohexans. [2]

Zusammenfassung

✶ **Isomerie** liegt dann vor, wenn zwei Moleküle die **gleichen Atome** in der gleichen Anzahl haben, sich aber in ihrem **Aufbau unterscheiden.** Sie wird in Konstitutions- und Stereoisomerie unterteilt.

✶ Die **Konstitutionsisomerie** lässt sich in **Sequenzisomerie** (Reihenfolge der Atome) und **Tautomerie** (Umlagerung zweier Moleküle über eine Enolform ineinander) unterteilen.

✶ Die **Stereoisomerie** wird in **Konformations-** und **Konfigurationsisomerie** gegliedert.

✶ Die **Konformationsisomere** entstehen durch **Drehung von Atomen oder Gruppen um Einfachbindungen.**

✶ Zu den **kettenförmigen Konformationsisomeren** gehören die **verdeckte** und **gestaffelte** Konformation.

✶ Zu den **zyklischen Konformationsisomeren** gehören die **Sessel- und Wannenform.**

Isomerie II

Stereoisomerie II

Konfigurationsisomerie

Konfigurationsisomere unterscheiden sich durch die unterschiedliche räumliche Lage ihrer Substituenten zueinander. Die Isomere können sich **nicht frei drehen** und somit nicht ineinander übergehen. Die Umwandlungsenergie hierfür wäre zu hoch, weil die Bindungen dazu gespalten werden müssten. Entsprechend ist es hier möglich, einzelne Isomere zu isolieren. Bei der Konfigurationsisomerie unterscheidet man:

- ▶ Cis/Trans-Isomerie
- ▶ E/Z-Isomerie
- ▶ Optische Isomerie

Cis/Trans-Isomerie

Die cis/trans-Isomerie wird auch **geometrische Isomerie** genannt. Kommen innerhalb eines Kohlenwasserstoffes **Doppelbindungen** vor, so sind die C-Atome **nicht mehr frei drehbar** (s. S. 54/55). Hierdurch sind bei zwei verschiedenen Substituenten zwei unterschiedliche Anordnungen denkbar, bei der die gleichen Substituenten entweder auf **derselben Seite stehen = cis-Isomer** oder auf **entgegengesetzten Seiten = trans-Isomer.**

E/Z-Isomerie

Trägt ein Molekül mit Doppelbindungen **vier verschiedene Substituenten,** so sortiert man diese nach ihrer Ordnungszahl im Periodensystem. Liegen dabei die beiden Substituenten mit den höchsten Ordnungszahlen auf einer Seite, so wird das Molekül als **Z-Isomer** (zusammen) bezeichnet. Liegen sie auf entgegengesetzten Seiten, als **E-Isomer** (entgegen).

Optische Isomerie

Blicken wir in einen Spiegel, so ist unser Abbild identisch, bis auf die Tatsache, dass es spiegelbildlich zu uns ist. Ein anderes Beispiel sind unsere Hände. Linke und rechte Hand sehen zwar „gleich" aus, lassen sich aber nicht zur Deckung bringen. Sie sind Bild und Spiegelbild. Gleiches gilt auch für Moleküle, die **vier verschiedene Substituenten** an einem C-Atom tragen. Von ihnen gibt es jeweils **Bild** und **Spiegelbild.** Sie werden als **Enantiomere = optische Isomere** bezeichnet. Das zentrale C-Atom mit den vier Substituenten wird als **asymmetrisches** oder **chirales Zentrum** bezeichnet und wird mit einem * gekennzeichnet.

> Ein asymmetrisches C-Atom hat vier verschiedene Substituenten und wird als chirales Zentrum bezeichnet.

Beispiel: **Milchsäure** (CH_3-CHOH-COOH) ist ein solches Molekül. Ihr C-Atom weist die vier Substituenten -COOH, -OH, -H und $-CH_3$ auf. Um das Molekül räumlich darzustellen, wird die **Fischer-Projektion** verwendet (▮ Abb. 4):

- ▶ Die zentrale Kohlenstoffkette wird senkrecht ausgerichtet.
- ▶ Das C-Atom mit der höchsten Oxidationszahl steht am oberen Ende der Kette: COOH > CHO > CH_2OH > CH_3
- ▶ Die beiden, von asymmetrischem C-Atom ausgehenden, senkrechten Bindungen zu den weiteren C-Atomen sollen nach hinten zeigen.
- ▶ Die beiden, vom asymmetrischen C-Atom ausgehenden, horizontalen Bindungen zu den Substituenten sollen nach vorne zeigen.

Die OH-Gruppe steht einmal auf der rechten und einmal auf der linken Seite des chiralen Zentrums. Dies wird in der Nomenklatur durch ein **L** für **laevus = links** und ein **D** für **dexter = rechts** vor dem Namen des Moleküls kenntlich gemacht.
Kommen mehrere asymmetrische C-Atome mit OH-Gruppen/funktionellen Gruppen innerhalb eines Moleküls vor, so bestimmt die OH-Gruppe, die am weitesten von der am höchsten oxidierten Gruppe entfernt liegt, ob es sich um eine D- oder L-Form handelt.
Beide Moleküle gleichen sich in nahezu allen physikalischen Eigenschaften, nur drehen ihre D- und L-Form **polarisiertes Licht** in entgegengesetzte Richtungen – dies aber um den gleichen Betrag. Dabei steht ein − für eine **Linksdrehung** und ein + für eine **Rechtsdrehung** des linear polarisierten Lichtes. Linear polarisiertes Licht entsteht, wenn vor eine Lichtquelle ein Polarisationsfilter gesetzt wird, der nur Lichtwellen einer Schwingungsebene ungehindert durchlässt. Wird dahinter ein zweiter Filter eingesetzt, der 90° gegenüber dem ersten verdreht ist, so dringt kein Licht mehr hindurch (▮ Abb. 5a). Stellt man eine Schale mit D(−)-Milchsäure zwischen beide Filter, so wird die Lichtwelle beim Durchtritt durch die Flüssigkeit um einen bestimmten Winkel α nach links gedreht. Dadurch tritt eine Aufhellung am zweiten Filter ein. Indem der zweite Filter nun so lange

Fischer-Projektion   Stereoformeln   Fischer-Projektion

D-(−)-Milchsäure   L-(+)-Milchsäure

▮ Abb. 4: Struktur der D- und L-Milchsäure. [2]

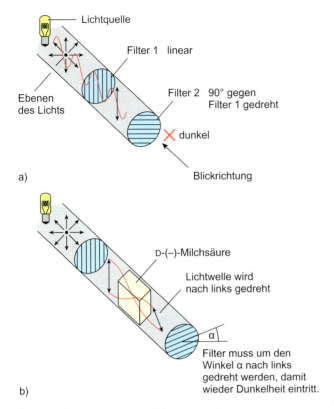

Abb. 5: Funktionsweise eines Polarimeters. [1]

eine, der Formel 2^{n-1} (n = chirale C-Atome) entsprechende Anzahl an Diastereomeren für ein Molekül (s. S. 52/53). Sie unterscheiden sich nicht nur in ihrem spezifischen Drehwinkel, sondern auch in weiteren chemischen und physikalischen Eigenschaften.

Unterscheiden sich Diastereomere nur in der Positionierung einer ihrer OH-Gruppen, werden sie **Epimere** genannt.

nach links gedreht wird, bis kein Licht mehr durch ihn hindurchtritt, lässt sich der Winkel α ermitteln (Abb. 5b). Würde sich in dem Gefäß L(+)-Milchsäure befinden, würde sie die Lichtwelle entsprechend nach rechts drehen. Die Bezeichnung D/L macht dabei keine Aussage darüber, ob ein Stoff nach links oder rechts dreht. Dies gibt jeweils nur das (+) und (−)-Zeichen an.

Der **spezifische Drehwinkel** α berechnet sich nach folgender Formel:

$$[\alpha]_T^D = \alpha / \beta \times l$$

Dabei ist T die Temperatur der Messlösung (25 °C), D die Wellenlänge des Natriumlichtes (λ = 589 nm), α der gemessene Drehwinkel, β die Konzentration der Lösung in g/ml und l die Länge (10 cm) des Gefäßes, in dem sich die Lösung befindet.

Mischt man D- und L-Enantiomere eines Stoffes in gleichen Mengen miteinander, so heben sich ihre Drehwinkel gegenseitig auf. Hierdurch kann das Gemisch das polarisierte Licht nicht mehr drehen und wird **optisch inaktiv**. Man spricht dann von einem **Racemat**.

Unter dem Begriff „**Diastereomere**" werden die Konfigurationsisomere zusammengefasst, die keine Enantiomere (Bild/Spiegelbild) sind. Sie treten auf, wenn innerhalb eines Moleküls **mehrere chirale Zentren** vorkommen und unterscheiden sich in der Stellung mehrerer Gruppen. Dabei gibt es

Zusammenfassung

✱ Die **Konfigurationsisomerie** entsteht durch die unterschiedliche Anordnung verschiedener Substituenten um ein Atom, welche nicht ineinander überführt werden können.

✱ Zur Konfigurationsisomerie gehören die **cis/trans-Isomerie**, die **E/Z-Isomerie** und die **optische Isomerie**.

✱ Die **cis/trans-Isomerie** oder geometrische Isomerie gibt an, ob zwei gleiche Atome auf **derselben = cis** oder auf **verschiedenen = trans** Seiten einer Doppelbindung stehen.

✱ Die **E/Z-Isomerie** beschreibt die Lage von vier verschiedenen Substituenten an einer Doppelbindung zueinander.

✱ **Enantiomere** = optische Isomere sind **Bild** und **Spiegelbild** eines Moleküls, welches vier verschiedene Substituenten am C-Atom (**chirales Zentrum**) trägt.

✱ Enantiomere werden in **D-** und **L-Form** unterteilt. Beide drehen linear polarisiertes Licht um den gleichen Betrag (Winkel α) in entgegengesetzte Richtungen: − steht dabei für eine **Linksdrehung** und + für eine **Rechtsdrehung**.

✱ Der spezifische **Drehwinkel** α ist abhängig von der Temperatur der Messlösung, deren Konzentration, der Länge des Gefäßes und der Wellenlänge des Lichtes.

✱ Ein **Racemat** ist ein homogenes Gemisch beider Enantiomere in gleichen Massenanteilen. Dadurch hebt sich ihr Drehwinkel auf und sie sind **optisch inaktiv**.

✱ **Diastereomere** treten ab zwei asymmetrischen C-Atomen auf und unterscheiden sich in der Stellung mehrerer funktioneller Gruppen.

✱ **Epimere** sind Diastereomere, die sich nur in der Stellung einer OH-Gruppe unterscheiden.

Kohlenhydrate I

Kohlenhydrate = Zucker sind aus den Elementen **Kohlenstoff, Wasserstoff** und **Sauerstoff** gemäß der allgemeinen Summenformel $C_n(H_2O)_n$ aufgebaut. Sie entstehen in Pflanzen bei der **Photosynthese** aus Wasser und Kohlendioxid unter dem Einfluss von Sonnenlicht.
Nach der Anzahl der in ihnen enthaltenen Monosaccharide (Bausteine) werden sie unterteilt in:

▶ **Monosaccharide:** Bestehen aus nur einem Baustein. Ihre wichtigsten Vertreter sind die Glucose und Fructose.
▶ **Oligosaccharide:** Bestehen aus zwei bis zehn Bausteinen. Häufig werden von ihnen die Disaccharide, bestehend aus zwei, und Trisaccharide, bestehend aus drei Bausteinen, abgegrenzt. Bekannteste Vertreter sind die Saccharose und die Maltose.
▶ **Polysaccharide:** Bestehen aus mehr als zehn Bausteinen. Zu ihnen gehören z. B. die Stärke und die Cellulose.

Monosaccharide I

Einteilung und Nomenklatur

Monosaccharide oder Einfachzucker bestehen aus 3 bis 9 C-Atomen. Anhand der Atomlänge lassen sie sich einteilen und erhalten ihren Namen. Dabei wird dem griechischen Zahlwort die Endung **-ose** angefügt (Tab. 1).
Des Weiteren lassen sich die Monosaccharide anhand ihrer funktionellen Gruppen in **Aldosen** (Aldehydgruppe an C1) und **Ketosen** (Ketogruppe an C2) unterteilen. Mit 3 C-Atomen sind das Glycerinaldehyd und das Dihydroxyaceton die

C	Klassifizierung	Ketosen	C*	Aldosen	C*
3	Triosen	Dihydroxyaceton	0	Glycerinaldehyd	1
4	Tetrosen	Erythrulose	1	Erythrose, Threose	2
5	Pentosen	Araboketose, Xyloketose	2	Ribose, Arabiose, Xylose, Lyxose	3
6	Hexosen	Fructose, Sorbose, Psicose, Tagatose	3	Allose, Altrose, Glucose, Mannose, Gulose, Idose, Galaktose, Talose	4

Tab. 1: Wichtige Monosaccharide

einfachsten Vertreter. Beide Formen können sich über die Keto-Enol-Tautomerie ineinander umlagern.

D-Glycerinaldehyd (Aldo-triose) ⇌ Endiol ⇌ Dihydroxyaceton (Keto-triose)

Durch das Anhängen von CH-OH-Gruppen wird das Grundgerüst des Glycerinaldehyds verlängert, es entstehen weitere Aldosen (Abb. 1). Wird das Dihydroxyaceton durch CH-OH-Gruppen verlängert, so erhält man Ketosen (Abb. 2). Systematische Namen für diese Verbindungen, wie z. B. 2,3,4,5,6-Pentahydroxy-hexanal für $C_6H_{12}O_6$, gibt es zwar, es werden jedoch durchweg **Trivialnamen** verwendet.

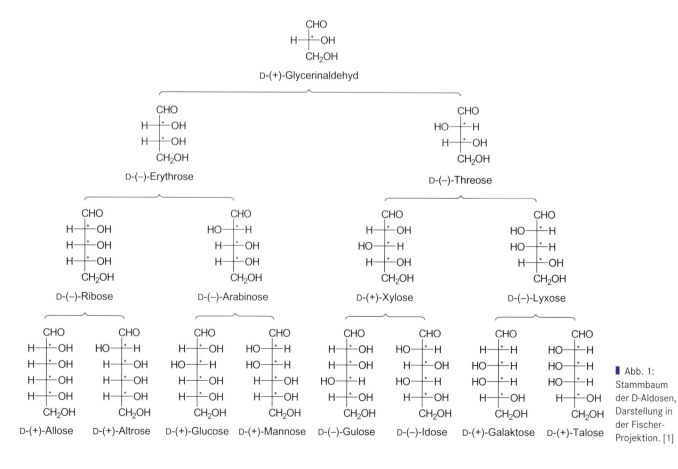

Abb. 1: Stammbaum der D-Aldosen, Darstellung in der Fischer-Projektion. [1]

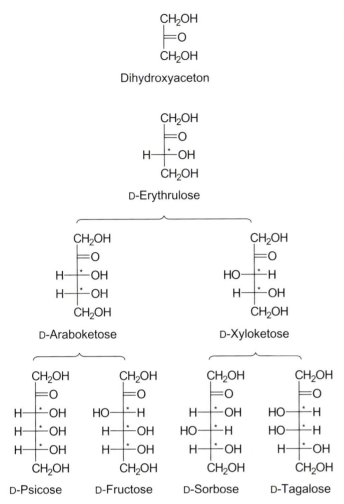

Abb. 2: Stammbaum der D-Ketosen, Darstellung in der Fischer-Projektion. [1]

Isomere

Da Zucker über asymmetrische C-Atome (C*), also C-Atome mit vier unterschiedlichen Substituenten verfügen (∎ Tab. 1), gibt es nach der Formel 2^n (n = Anzahl asymmetrischer C-Atome) eine entsprechende Anzahl an **Konfigurationsisomeren**. Ketosen weisen durch ihre Doppelbindung zum O-Atom ein asymmetrisches C-Atom weniger auf.
Die Konfigurationsisomere unterteilen sich in **Enantiomere** (D/L-Form) und Diastereomere (s. S. 74–77). Die Anzahl der **Diastereomere** berechnet sich nach 2^{n-1}, da das letzte asymmetrische C-Atom in der Kette für die D/L-Form „wegfällt" (∎ Abb. 1, ∎ Abb. 2).

Triosen (3 C-Atome)

▶ **Aldotriosen** haben ein C* am C2. Daher gibt es zwei Konfigurationsisomere (2^1), die Enantiomere D/L-Glycerinaldehyd. Diastereomere gibt es keine, da es auch keine weiteren asymmetrischen C-Atome gibt.
▶ **Ketotriosen** haben keine Konfigurationsisomere, da sie aufgrund der Doppelbindung zum O-Atom kein asymmetrisches C-Atom ausbilden. Ihr einziger Vertreter ist das Dihydroxyaceton.

Tetrosen (4 C-Atome)

▶ **Aldotetrosen** haben zwei C* und damit zwei (2^{2-1}) Diastereomere: Erythrose und Threose. Sie unterscheiden sich durch die Stellung der OH-Gruppe am C2 und sind damit C2-Epimere (Diastereomere, die sich nur in Stellung einer OH-Gruppe unterscheiden und keine Spiegelbildisomere sind). Jedes Molekül gibt es in der D- und L-Form, so dass sich insgesamt vier Konfigurationsisomere ergeben (2^2).
▶ Bei **Ketotetrosen** gibt es ein C*, so dass keine Diastereomere auftreten. Folglich gibt es nur ein Molekül, die Erythrulose. Diese kommt in der D-und L-Form vor.

Pentosen (5 C-Atome)

▶ **Aldopentosen** haben drei C*. Daraus folgt, dass es vier Diastereomere gibt (2^{3-1}): Ribose, Arabiose, Xylose, Lyxose. Von diesen existieren jeweils eine D- und L-Form (Enantiomere). Insgesamt ergeben sich somit acht Konfigurationsisomere (2^3).
Die Diastereomerepaare D-Ribose/D-Arabiose sowie D-Xylose/D-Lyxose werden als C2-**Epimere** bezeichnet. Die Paare D-Ribose/D-Xylose und D-Arabiose/D-Lyxose analog als C3-Epimere.
▶ Bei den **Ketopentosen** (zwei C*) gibt es zwei Diastereomere (2^{2-1}) mit je D/L-Form, also vier Konfigurationsisomere.

Hexosen (6 C-Atome)

▶ Für die **Aldohexosen** gibt es acht Diastereomere (2^{4-1}) in jeweils D/L-Form, somit 16 Konfigurationsisomere (2^4). Ihre wichtigsten Vertreter sind die Glucose, Mannose (C2-Epimer der Glucose) und Galaktose (C4-Epimer der Glucose).
▶ Bei den **Ketohexosen** finden sich entsprechend vier Diastereomere und acht Konfigurationsisomere. Ihr wichtigster Vertreter ist die Fructose.

Zusammenfassung

✷ Kohlenhydrate werden in **Mono-**, **Oligo-** und **Polysaccharide** unterteilt.

✷ Die Monosaccharide werden nach der **Anzahl der C-Atome** in Triosen, Tetrosen, etc. und nach ihrer **funktionellen Gruppe** in Aldosen und Ketosen gegliedert.

✷ Aldosen weisen ein chirales C-Atom mehr auf als die Ketosen.

✷ Monosaccharide zeigen eine Vielzahl an **Konfigurationsisomeren**, deren Anzahl sich mit der Formel 2^n angeben lässt (n = Anzahl asymmetrischer C-Atome).

✷ Die Anzahl ihrer **Diastereomere** ergibt sich aus 2^{n-1}.

Kohlenhydrate II

Monosaccharide II

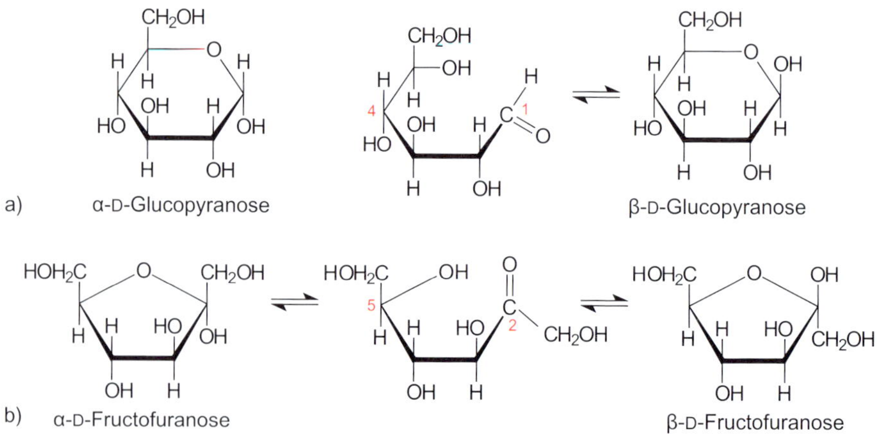

Ringformen
Entstehung
Die wichtigsten Monosaccharide sind die Hexosen ($C_6H_{12}O_6$). Ihr wichtigster Vertreter bei den Aldosen ist die Glucose und bei den Ketosen die Fructose. Baut man diese mit Steckmolekülen nach, so ergeben sich nahezu kreisförmige Strukturen. In dieser Struktur kommen sich bei der Glucose die Alkoholgruppe des C5-Atoms und die Aldehydgruppe am C1 sehr nahe. Bei der Fructose sind es die Alkoholgruppe des C5-Atoms und die Ketogruppe des C2-Atoms. Durch eine intramolekulare Reaktion der Carbonyl- und Alkoholgruppe bilden sich **zyklische Halbacetale**.
Glucose bildet dabei einen **Sechser-Ring**, der eine Sauerstoffbrücke zwischen C5 und C6 enthält und als **Pyranring** bezeichnet wird. Die zugehörigen Zucker werden **Pyranosen** genannt (Abb. 3a).
Fructose bildet meist einen **Fünfer-Ring** mit einer Sauerstoffbrücke zwischen C2 und C5, den **Furanring**. Entsprechend werden die Zucker mit Fünfer-Ringen **Furanosen** genannt (Abb. 3b). Es ist für Fructose auch ein Sechser-Ring denkbar, dieser kommt jedoch aus sterischen Gründen so gut wie nicht vor.

Isomerie
Durch den Ringschluss entsteht an dem C-Atom der Carbonylgruppe ein weiteres chirales Zentrum, das als **anomeres C-Atom** bezeichnet wird. Es stellt eine Sonderform der asymmetrischen C-Atome dar. Durch dieses anomere C-Atom ergeben sich zwei weitere isomere Strukturen, die α- und β-**Form** der Ringe (Abb. 3). Diese sind eine Untergruppe der Diastereomere und werden als **Anomere = zyklische Isomere** bezeichnet. Auch sie drehen linear polarisiertes Licht.
In wässriger Lösung stehen die beiden Anomere über die offenkettige Form miteinander im **Gleichgewicht**.

Darstellung
Zur Darstellung der Ringstrukturen bedient man sich der **Haworth-Projektion**. In ihr steht das anomere C-Atom rechts. Der Ring selbst bildet eine Ebene, auf die man von oben vorne herabblickt. Die Gruppen, die nach oben zeigen, liegen oberhalb der Ringebene, die nach unten zeigen unterhalb. Es gilt: Das, was in der Fischer-Projektion links stand, steht nun über dem Ring (oben) (Abb. 4).

Abb. 3: Ringstrukturen der a) D-Glucose und b) D-Fructose. [1]

> In der β-D-Glucose steht die OH-Gruppe am anomeren C-Atom oben. Bei der α-D-Glucose unten.

Die Haworth-Projektion beschreibt Konfiguration und Konstitution. Es fehlt jedoch die Konformation. Diese wird erst durch die Darstellung als Sesselstruktur deutlich (Abb. 4).
Bei den Furanosen gibt es keine bevorzugten Konformere.

Eigenschaften
Monosaccharide sind aufgrund der großen Anzahl an polaren Gruppen gut **wasserlöslich** und schmecken **süß**. In trockenem Zustand bilden sie **farb- und geruchslose Kristalle**.
Werden sie erhitzt, **zersetzt sich** das Molekül, bevor es den Siedepunkt erreicht und wird braun. Es entsteht Karamell.

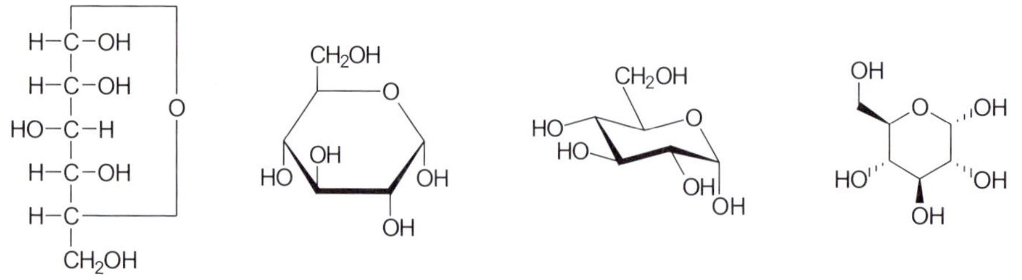

a) Fischer-Darstellung
b) Haworth-Darstellung
c) Sessel-Darstellung
d) Keilstrich-Darstellung

Abb. 4: Darstellung der α-D-Glucopyranose [1]

Durch ihre chiralen C-Atome drehen Monosaccharide linear polarisiertes Licht. Wird α-D-Glucose in Wasser gelöst, so ist der spezifische Drehwinkel α +112°. Nach einiger Zeit ändert sich dieser auf +53°, da sich ein Teil der α-D-(+)-Glucose in β-D-(+)-Glucose (spezifischer Drehwinkel +19°) umlagert. Hierdurch stellt sich ein Mischdrehwinkel ein, was als **Mutarotation** bezeichnet wird.

Reaktionen
Die Reaktionen der Monosaccharide entsprechen denen der Aldehyde und Ketone (s. S. 62/63):

▶ Durch die **Addition eines Alkohols** an die Carbonylgruppe entstehen die **Ringformen** (Halbacetale).

▶ Durch **Hydrierung** (Reduktion) entstehen aus Zuckern **Zuckeralkohole**. Aus Glucose wird der primäre Alkohol Sorbitol = Glucitol, aus Mannose Mannitol. Bei Ketonen entstehen sekundäre Alkohole.

▶ Durch **Oxidation** der Aldehydgruppe entstehen aus den Aldosen **Polyhydroxymonocarbonsäuren**; z. B. wird Glucose zu Gluconsäure. Diese Reaktion nutzt man zum Nachweis von Aldosen durch die Fehling- und Tollens-Probe (s. S. 88). Auch Ketosen lassen sich oxidieren, da sie mit der Aldehyd-Form über die Keto-Enol-Tautomerie im Gleichgewicht stehen.

Zusammenfassung

- Durch eine intramolekulare Reaktion zwischen einer Alkohol- und der Carbonyl-Gruppe entstehen **zyklische Halbacetale.**
- Sie werden in **Furanosen** (5 C) und **Pyranosen** (6 C) gegliedert.
- **Anomere** gehören zu den Diastereomeren und sind zyklische Isomere, die sich in der Position der Substituenten am ehemaligen Carbonyl-C-Atom unterscheiden. Sie werden in α und β unterteilt.
- Die Darstellung der Ringstrukturen erfolgt mit der **Haworth-Projektion**. In ihr steht bei β-D-Glucose die OH-Gruppe oben und bei α-D-Glucose unten.
- Um die **Konformation** wiederzugeben, wird die Sesselschreibweise verwendet.
- Zucker bilden farblose, süßlich schmeckende Kristalle, die gut wasserlöslich sind.
- Unter **Mutarotation** versteht man die Entstehung eines Mischdrehwinkels durch die Einstellung eines Gleichgewichtes zwischen Anomeren.
- In ihren **Reaktionen** gleichen die Monosaccharide den Aldehyden. Sie zeigen **Additionsreaktion** mit Alkoholgruppen, wobei die Halbacetale entstehen, **Hydrierung** (Reduktion), bei der Zuckeralkohole gebildet werden, und **Oxidationen**, die zum Nachweis dienen und Carbonsäuren erzeugen.

Kohlenhydrate III

Oligosaccharide

Die wichtigsten Oligosaccharide sind die **Disaccharide**, zu denen der **Haushaltszucker** (Saccharose), der **Malzzucker** (Maltose) und der **Milchzucker** (Lactose) gehören.
Die beiden Monosaccharide sind in ihrer Ringform über eine **glykosidische Bindung** (Etherbrücke, Sauerstoffbrücke, **R-O-R′**) miteinander verknüpft. Sie entsteht durch eine **Kondensationsreaktion** zwischen zwei Alkoholgruppen, bei der Wasser abgespalten wird.

$$R\text{-}OH + HO\text{-}R' \rightarrow R\text{-}O\text{-}R' + H_2O$$

Dabei stammt immer eine Alkoholgruppe vom anomeren C-Atom (C1). Die andere kann ebenfalls vom anomeren C-Atom stammen, aber auch von einem anderen C-Atom.

Maltose

Bei der Maltose handelt es sich um ein Disaccharid aus **zwei ringförmigen D-Glucose-Molekülen,** die über das C1- und C4-Atom miteinander verbunden sind. Dabei steht die OH-Gruppe des ersten Glucosemoleküls in α-Stellung, weshalb die Bindung auch als **α-1-4-glykosidische Verknüpfung** bezeichnet wird.
Da das zweite Glucosemolekül seine anomere OH-Gruppe behält, kann es sich in die offene Kettenform mit der Aldehydgruppe umlagern. Schließt es sich wieder zum Ring, so kann die anomere OH-Gruppe entweder in α- oder β-Stellung stehen. Beide Formen stehen im Gleichgewicht miteinander. In der Strukturformel ist dies durch eine Schlangenlinie gekennzeichnet. Lösungen von Maltose enthalten demnach immer beide Formen.
Durch die Aldehydgruppe der offenen Form weist Maltose **reduzierende Eigenschaften** auf. In Verbindung mit Fehling-Reagenz bildet sich ein ziegelroter Niederschlag aus Kupfer(I)-oxid.

α-Maltose =
α-D-Glucopyranosyl (1→4)-D-Glucopyranose

Saccharose

Die Saccharose ist ein Disaccharid aus **α-D-Glucose** und **β-D-Fructose,** welche über eine **1-2-Verknüpfung** zusammengehalten werden. In dieser sind die beiden anomeren OH-Gruppen miteinander verknüpft. Dadurch kann sich keiner der beiden Ringe mehr in seine offenkettige Form umlagern. Folglich geht die Aldehydgruppe verloren und das Disaccharid zeigt **keine reduzierenden Eigenschaften**.

Saccharose =
α-D-Glucopyranosyl (1→2)-β-D-Fructofuranose

Lactose

Lactose ist ein Disaccharid aus **β-D-Glucose** und **D-Galactose**, welche **β-1-4-verknüpft** sind. Dadurch bleibt die anomere OH-Gruppe der Galactose erhalten, und der Zucker wirkt **reduzierend** (wird selbst zur Säure oxidiert). Lactose kommt in Milch vor und verleiht ihr den süßlichen Geschmack. Beim Sauerwerden der Milch entsteht aus der Lactose Milchsäure (Laktat).

β-D-Glucopyranosyl (1→4)-D-Glucopyranose

Polysaccharide

Zu den wichtigsten Polysacchariden gehören die **Stärke**, das **Glykogen** und die **Cellulose**. Es sind lange Ketten, die aus hunderten bis tausenden von Glucose-Bausteinen bestehen. Da sie immer denselben Baustein enthalten, werden sie als **Homoglykane** bezeichnet. Neben diesen gibt es noch die **Heteroglykane**, die aus verschiedenen Zuckerbausteinen aufgebaut sind.

Stärke

Stärke ist der Speicherstoff für Kohlenhydrate der Pflanzen. Sie besteht aus zwei Bestandteilen:

▶ **Amylose:** Besteht aus 1-4-verknüpften α-D-Glucose-Einheiten, die eine lineare, schraubenförmig aufgebaute Helix bilden. In Verbindung mit Iod ergibt sich eine tiefblaue Farbe (s. S. 88/89). In warmem Wasser lässt sich Amylose gut lösen und bildet nach Abkühlen milchig trübe Gele (▎Abb. 5).

▶ **Amylopektin:** Besteht ebenfalls aus α-D-Glucose-Einheiten, die 1-4-verknüpft sind. Daneben kommen jedoch auch noch 1-6-Verknüpfungen vor, so dass Amylopektine Verzweigungen aufweisen. Daher können sich keine langen Spiralen bilden, und in Verbindung mit Iod bleibt die braune Eigenfarbe der Lösung erhalten. Durch die Verzweigungen sind sie wasserunlöslich (▌ Abb. 5).

Die Stärke aus der Nahrung wird durch α-Amylasen in Glucosemoleküle gespalten, die dann dem Körper als Energielieferanten dienen.

Glykogen
Glykogen ist der Speicherstoff für Kohlenhydrate von Mensch und Tieren. Es zeigt den gleichen Aufbau wie das Amylopektin, nur kommen hier weitaus häufiger Verzweigungen vor.

Cellulose
Cellulose ist der Baustoff der Pflanzen für ihr Grundgerüst. Sie besteht aus β-**Glucose-Einheiten,** welche miteinander **β-1-4-verknüpft** sind. In Wasser quillt sie, lässt sich aber nicht lösen. Als Nahrung ist sie für uns nicht verwertbar, da wir über keine β-Amylase verfügen und somit das Molekül nicht in seine einzelnen Glucosemoleküle zerlegen können. Sie dient uns als Ballaststoff.

▌ Abb. 5: Stärke mit ihren Bestandteilen Amylose und Amylopektin. [1]

▌ Abb. 6: Cellulose. [1]

Zusammenfassung

- Die wichtigsten Vertreter der Oligosaccharide sind die Disaccharide.
- **Disaccharide** bestehen aus zwei Zuckermolekülen, die in einer **Kondensationsreaktion** unter Austritt von Wasser verbunden wurden.
- Die OH-Gruppe am C1-Atom (anomere OH-Gruppe) ist immer Teil der Verknüpfung.
- **Maltose:** α-D-Glucose α-1-4-verknüpft mit D-Glucose, reduzierende Wirkung.
- **Saccharose:** α-D-Glucose α-1-2-verknüpft mit β-D-Fructose, nicht reduzierende Wirkung.
- **Lactose:** β-D-Glucose β-1-4-verknüpft mit D-Galactose, reduzierende Wirkung.
- **Stärke:** besteht aus den zwei Bestandteilen Amylose und Amylopektin.
- **Amylose:** α-D-Glucose-Einheiten α-1-4-verknüpft, wasserlöslich.
- **Amylopektin:** α-D-Glucose-Einheiten α-1-4- und α-1-6-verknüpft, wasserunlöslich.
- **Glykogen:** α-D-Glucose-Einheiten α-1-4- und α-1-6-verknüpft, wasserunlöslich.
- **Cellulose:** β-D-Glucose-Einheiten β-1-4-verknüpft, wasserunlöslich.

Aminosäuren

Die wohl wichtigsten Bausteine unseres Körpers sind die Aminosäuren. Aus ihnen sind die Proteine aufgebaut, sie sind somit der grundlegende Bestandteil von z. B. Zellrezeptoren, von Enzymen, die unseren Stoffwechsel aufrechterhalten und von der Immunabwehr in Form der Immunglobuline. Auch wenn es tausende von verschiedenen Proteinen im Körper gibt, so sind es nur 21 Aminosäuren, die diese aufbauen. Sie werden als proteinogen bezeichnet.

Aufbau und Struktur

Aus dem Wort Aminosäuren lassen sich schon die zwei entscheidenden funktionellen Gruppen ablesen:

▶ die **Carboxylgruppe** (COOH)
▶ die **Aminogruppe** (NH_2)

Beide befinden sich am sogenannten α-C-Atom oder auch C-2-Atom. Daher werden sie als α-**Aminosäuren** bezeichnet.

Es gibt auch Aminosäuren, bei denen die Aminogruppe sich nicht am α-C-Atom befindet. Sie können analog als β- (z. B. β-Alanin) oder γ-Aminosäuren (z. B. GABA = γ-Aminobuttersäure) bezeichnet werden.

Je nachdem, ob die Aminogruppe rechts oder links am α-C-Atom steht, werden die Aminosäuren als D- oder L-Aminosäuren bezeichnet.

> Die proteinogenen und die meisten der natürlichen Aminosäuren haben die **L-Konfiguration**.

Zusätzlich sitzt am α-C-Atom ein Rest, der ein einfaches H-Atom oder auch eine sehr komplexe Struktur sein kann. Dieser Rest wird als Seitenkette bezeichnet und bestimmt die **spezifischen Eigenschaften** der Aminosäure. Daher teilt man die Aminosäuren auch nach ihren Seitenketten ein. Man unterscheidet **polare**, **unpolare** und **geladene** Aminosäuren (▮ Abb. 1).
Ist die Seitenkette etwas anderes als ein H-Atom, so entsteht am α-C-Atom ein asymmetrisches oder chirales Zentrum. Daher sind alle Aminosäuren bis auf Glycin (H-Atom als Seitenkette) optisch aktiv.

Essenzielle Aminosäuren

Von den 21 proteinogenen Aminosäuren kann unser Körper einige nicht selbst herstellen, wir müssen diese also mit der Nahrung aufnehmen. Diese Aminosäuren werden als **essenziell** bezeichnet. Es sind die verzweigten Aminosäuren **Valin, Leucin, Isoleucin,** sowie **Tryptophan, Threonin, Phenylalanin, Lysin** und **Methionin**. Zusätzlich gibt es noch zwei Aminosäuren, die wir nur aus einer essenziellen Aminosäure herstellen können. Daher werden **Thyrosin** (entsteht aus Phenylalanin) und **Cystein** (entsteht aus Methionin) als **semiessenziell** bezeichnet.

Eigenschaften und Reaktionen

Die Carboxylgruppe der Aminosäuren gibt in wässriger Lösung ein Proton ab und ist damit negativ geladen. Dieses Proton wird von der Aminogruppe aufgenommen. Die Aminogruppe wird positiv. Es findet eine intramolekulare Protolyse statt. Dabei kommt es zur Ausbildung eines **Zwitterions**, d. h., in

▮ Abb. 1: Einteilung der 21 proteinogenen Aminosäuren. [1]

dem Molekül gibt es nun sowohl eine positive als auch eine negative Ladung. Nach außen hin ist das Molekül neutral, da sich die Ladungen gegenseitig aufheben.

Durch diese Eigenschaften kann eine Aminosäure als Base und auch als Säure reagieren und wird folglich als **Ampholyt** bezeichnet. Mischt man eine Aminosäure mit einer Säure, so befinden sich durch die Säure schon viele H^+-Ionen in der Lösung, und die Carboxylgruppe kann ihr H^+-Ionen nicht mehr abgeben. Die Aminogruppe wird jedoch weiterhin H^+-Ionen aufnehmen. Dadurch liegt die Aminosäure dann als Kation mit einer positiven Ladung an der Aminogruppe vor. Sie reagiert also in Gegenwart der Säure als Base.

Umgekehrt reagiert eine Aminosäure in Gegenwart einer Base als Säure und liegt als Anion mit einer negativen Ladung an der Carboxylgruppe vor.

> Der pH-Wert bestimmt, ob eine Aminosäure als Kation, Anion oder Zwitterion vorliegt.

Dieses Verhalten von Aminosäure spiegelt sich auch in ihren Titrationskurven wider. ■ Abb. 2 zeigt diese beispielhaft für das Salz der Aminosäure Glycin. Es zeigen sich **zwei Pufferbereiche.** Der erste liegt im Bereich ihres **pK_{s1}-Wertes** (A). Hier liegen nach dem Massenwirkungsgesetz das Zwitterion und das Kation in gleichen Konzentrationen vor.

Zwitterion   Kation

Dabei puffern die Zwitterionen Säuren durch die Aufnahme von H^+-Ionen und die Kationen zugegebene Basen durch die Abgabe von H^+-Ionen ab. Der zweite Pufferbereich liegt beim **pK_{s2}-Wert** (B). In diesem Bereich liegen das Zwitterion und das Anion in gleichen Konzentrationen vor. Hier puffert das Zwitterion dann durch die Abgabe von H^+-Ionen Basen ab und das Anion durch die Aufnahme von H^+-Ionen zugegebene Säuren.

Isoelektrischer Punkt

Geladene Moleküle haben die Eigenschaft, in einem elektrischen Feld zu wandern. Dabei zieht es negativ geladene Moleküle zur **Anode (positiver Pol)** und positiv geladene Moleküle zur **Kathode (negativer Pol).** Da Aminosäuren in unterschiedlichen Ladungsformen auftreten können (Anion, Zwitterion, Kation), zeigen sie auch je nach pH-Wert ein anderes Wanderungsverhalten im elektrischen Feld. Bei dem pH-Wert, bei dem sie nicht wandern, liegen sie als Zwitterionen vor. Sie sind dann nach außen neutral. Dies wird als **isoelektrischer Punkt** bezeichnet. Er entspricht dem **arithmetischen Mittel der pK_s-Werte** der Amino- und Caboxylgruppe (pK_{s1} und pK_{s2}).

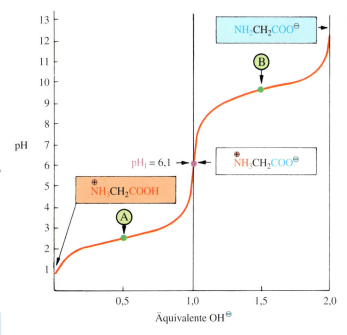

■ Abb. 2: Titrationskurve von Glycinhydrochlorid mit NaOH (pH_I = isoelektrischer Punkt). [2]

Zusammenfassung

- Aminosäuren haben **zwei funktionelle Gruppen: Carboxylgruppe** und **Aminogruppe.**
- Es gibt **21 proteinogene Aminosäuren.** Sie kommen alle in der **L-Konfiguration** vor.
- Die **Seitenkette** bestimmt die **spezifischen Eigenschaften** einer Aminosäure.
- Essenzielle Aminosäuren sind jene, die unser Körper selber nicht herstellen kann, und die wir mit der Nahrung zu uns nehmen müssen.
- Aminosäuren sind **Ampholyte** und können daher sowohl als Säure oder Base reagieren.
- In der Titrationskurve zeigen Salze von Aminosäuren zwei Pufferbereiche, die den pK_s-Werten entsprechen.
- Am **isoelektrischen Punkt** liegen Aminosäuren als Zwitterion vor und wandern daher in der Elektrophorese nicht.

Peptide und Proteine

Proteine und Peptide sind kettenförmige Moleküle, in denen die einzelnen Aminosäuren in spezifischer Frequenz miteinander verknüpft sind. Sind zwei Aminosäuren miteinander verbunden, so spricht man von einem **Dipeptid**, bei dreien von einem **Tripeptid** und so fort. Ab zehn Aminosäuren nennt man sie dann **Oligopeptide**, bei mehr als 20 Aminosäuren handelt es sich um **Polypeptide**. **Proteine** bestehen aus mehr als 100 Aminosäuren.

Proteine erfüllen vielfältigste Aufgaben im Körper. Sie sind die Grundlage von Enzymen und Strukturelementen wie der Muskulatur und dem Bindegewebe, des Weiteren spielen sie eine Rolle als Nahrungs-, Speicher- und Transportproteine. Auch die Kommunikation der Zellen untereinander wird durch Proteine in Form der Peptidhormone und deren Rezeptoren gesteuert.

Peptidbindung und Primärstruktur

Bei der Verknüpfung von zwei Aminosäuren miteinander entsteht eine Peptidbindung. Formal kommt es hierbei zu einer **Abspaltung von Wasser** zwischen der Carboxylgruppe der einen Aminosäure und der Aminogruppe der anderen. Deshalb wird diese Reaktion auch als **Kondensationsreaktion** bezeichnet und die entstehende Verbindung als **Säureamid**.

Durch die Peptidbindung sind die freie Carboxyl- und Aminogruppe verloren gegangen. Sie bestehen lediglich noch am linken und rechten Ende des entstandenen Peptids. Dabei gilt die Regel, dass die freie Aminogruppe (N) links und die freie Carboxylgruppe (C) am rechten Ende stehen. Diese werden dann als **N- und C-Terminus** bezeichnet.

> Als **Primärstruktur** bezeichnet man die Aminosäuresequenz. Die strukturgebenden Elemente sind hierbei die Peptidbindungen.

Wenn man die Peptidbindung genauer betrachtet, so finden sich zwei denkbare Formen, wie diese genau aussehen können. Zwischen dem C- und N-Atom können sowohl eine Einfach- als auch eine Doppelbindung vorkommen. Dies wird als **Mesomerie** bezeichnet. Die „wirkliche" Form liegt zwischen diesen beiden Grenzformen. Deshalb spricht man von einer **partiellen Doppelbindung**. Sie führt dazu, dass die Rotation um die Bindung eingeschränkt ist und sich das C-Atom gegenüber dem N-Atom nicht verdrehen kann.

Sekundärstruktur

Die Sekundärstruktur von Polypeptidketten ergibt sich durch Wasserstoffbrückenbindungen zwischen dem O-Atom und der NH-Gruppe zweier verschiedener Amidgruppen. Dabei stellt das H-Atom (Donator) sein Elektron dem O-Atom (Akzeptor) zur Verfügung.

Es werden zwei Sekundärstrukturen unterschieden, beide können innerhalb eines Proteins in verschiedenen Abschnitten auftreten:

α-Helix

Bei der α-Helix liegt die Polypeptidkette in der Form einer **rechtsgewundenen Schraube** vor. Dabei verlaufen die **intramolekularen Wasserstoffbrücken**, die die Schraube zusammenhalten, parallel zur Achse der α-Helix. Die Seitenketten zeigen nach außen (Abb. 1a).

β-Faltblatt

Durch den **partiellen Doppelbindungscharakter** kommen das α-C-Atom, das CO, das N und das folgende α-C-Atom in einer Ebene zum Liegen. Ein Knick findet sich an jedem α-C-Atom, so dass eine **Zickzack-Kette** entsteht. Durch die Zugabe einer zweiten, parallelen Zickzack-Kette ergibt sich die β-Faltblattstruktur (Abb. 1b). Zusammengehalten wird sie durch **intermolekulare Wasserstoffbrücken**. Dabei wird zwischen **paralleler** (N-Terminus auf gleicher Seite) und **antiparalleler** (N-Terminus auf verschiedenen Seiten) Anordnung unterschieden. Die Seitenketten stehen jeweils senkrecht nach oben und unten ab.

> Die **Sekundärstruktur** bezeichnet die lokale Raumstruktur einer Polypeptidkette. Dabei wird zwischen α-Helix und β-Faltblatt unterschieden. Strukturgebend sind die Wasserstoffbrückenbindungen.

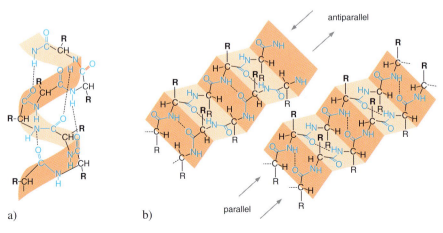

Abb. 1: a) α-Helix und b) β-Faltblattstruktur. [1]

Tertiärstruktur

Die Tertiärstruktur beschreibt die **räumliche Struktur** eines Proteins. Hierbei bildet sich eine Art Knäuel aus α-Helices, β-Faltblättern sowie dazwischenliegenden Schleifen und anderen Strukturelementen. Dabei spielen die Wechselwirkungen zwischen den Seitengruppen der einzelnen Aminosäuren des Proteins eine entscheidende Rolle. Es kommt zu:

▶ **Wasserstoffbrückenbindungen** zwischen polaren Seitenketten (bei Serin, Asparagin),
▶ **elektrostatischen Anziehungen** zwischen geladenen Seitenketten (bei Aspartat, Lysin),
▶ **hydrophoben Wechselwirkungen** zwischen unpolaren Seitenketten (bei Valin, Leucin),
▶ **Disulfidbindungen** als kovalente Bindung zwischen den Seitenketten zweier Cysteine.

> Die **Tertiärstruktur** bezeichnet die dreidimensionale Struktur einer Polypeptid-Kette, strukturgebend sind die verschiedenen **Wechselwirkungen zwischen den Seitenketten.**

Quartärstruktur

Die Quartärstruktur tritt nur bei Proteinen auf, die aus mehreren identischen oder auch verschiedenen Untereinheiten aufgebaut sind. Dabei lagern sich diese Untereinheiten aneinander, jedoch ohne kovalent miteinander verbunden zu sein. Die Anzahl der Untereinheiten kann zwei (Dimer, Creatinkinase), vier (Tetramer, Hämoglobin) oder auch wesentlich mehr betragen (Rezeptoren, Kanäle).

> Die **Quartärstruktur** bezeichnet die räumliche Anordnung von mehreren Polypepidketten eines Proteins.

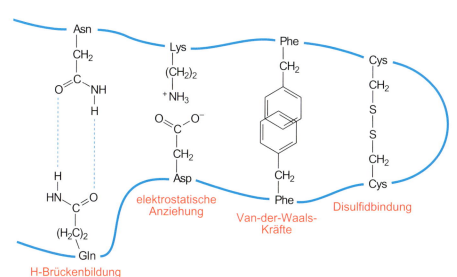

Abb. 2: Die Tertiärstruktur mit den stabilisierenden Wechselwirkungen. [1]

Zusammenfassung

✱ Bei der Peptidbindung handelt es sich um eine Kondensationsreaktion, bei der ein Säureamid entsteht. Sie hat einen partiellen Doppelbindungscharakter.
✱ Die **Primärstruktur** eines Proteins bezeichnet die Abfolge der einzelnen Aminosäuren, aus der es besteht.
✱ Die **Sekundärstruktur** bezeichnet die lokale Raumstruktur eines Proteins. Dabei wird zwischen α-Helix und β-Faltblatt unterschieden.
✱ Die **Tertiärstruktur** bezeichnet die dreidimensionale Struktur eines Proteins.
✱ Die **Quartärstruktur** bezeichnet die räumliche Anordnung von mehreren Untereinheiten eines Proteins.

Nachweisreaktionen

Nachweis von Alkoholen

Der Nachweis von primären und sekundären Alkoholen erfolgt über die **Oxidation der Hydroxylgruppe** (-OH) zu einer **Carbonylgruppe** (>C=O). In der Reaktion muss ein anderer Stoff reduziert werden, damit die **Redoxreaktion** vollständig ablaufen kann.

Alkohlbestimmung in der Atemluft

Dies macht man sich bei der **Alkoholbestimmung in der Atemluft** zunutze. Alkoholtestöhrchen enthalten auf Silicagel aufgetragenes $NaHSO_4$ (als schwefelsaures Medium) und $K_2Cr_2O_7$ (Kaliumdichromat), welches eine orange Färbung zeigt. Durch die Alkoholmoleküle der Atemluft verfärbt sich dieses beim Hineinpusten von orange nach grün, weil die Cr+VI-Ionen aus dem Kaliumdichromat zu Cr+III-Ionen reduziert werden (Abb. 1). Da der Farbumschlag quantitativ ist, erlaubt er Rückschlüsse auf den Blutalkoholgehalt.
Tertiäre Alkohole können nicht oxidiert werden und lassen sich so auch nicht in einer Redoxreaktion nachweisen.

Lucas-Probe

Um primäre, sekundäre und tertiäre Alkohole voneinander unterscheiden zu können, nutzt man die Lucas-Reagenz (eine Lösung von Zinkchlorid in konzentrierter Salzsäure). Mit dieser reagieren Alkohole (je nach Stellung ihrer Hydroxylgruppe) unterschiedlich schnell bzw. gar nicht:

▶ **Primäre Alkohole** reagieren beim Überschütten mit Lucas-Reagenz auch nach längerer Zeit nicht. Die Lösung bleibt klar.
▶ **Sekundäre Alkohole** führen zu einer Trübung der Lösung innerhalb von 5 Minuten. Sie trennt sich nach einiger Zeit in zwei Phasen auf.
▶ **Tertiäre Alkohole** reagieren sofort, und die Lösung trübt und teilt sich in zwei Phasen.

Die Reaktion, die dabei stattfindet, ist die Substitution der OH-Gruppe durch ein Chloratom. Dabei entsteht Chlorkohlenwasserstoff, welcher zunächst die Lösung trübt und sich anschließend als wasserunlösliche Phase oberhalb abscheidet.

$$R\text{-}OH + HCl \rightarrow R\text{-}Cl + H_2O$$

Nachweis von Aldehyden

Aldehyde lassen sich ebenfalls über **Redoxreaktionen** nachweisen. Ihre **Carbonyl-Gruppe** wird in diesen zu einer **Carboxyl-Gruppe** oxidiert. Als Oxidationsmittel dienen Metallionen, die bei Änderung ihrer Oxidationszahl ihre Farben und Eigenschaften wechseln.
Ketone hingegen zeigen keine reduzierenden Eigenschaften, so dass sie durch diese Proben von den Aldehyden abgegrenzt werden können.

Tollens-Probe

Wird **ammoniakalische Silbernitratlösung** ($AgNO_3$) mit einem Aldehyd versetzt, so fällt elementares Silber als **Silberspiegel** an der Gefäßwand aus. Die Silberionen wurden zu elementarem Silber reduziert, wodurch sich die Oxidationszahl von +I auf 0 vermindert. Entsprechend ist das Aldehyd das **Reduktionsmittel** und wird selbst zu einer Carbonsäure oxidiert (Abb. 2).

Fehling-Probe

Aldehyde reduzieren die Kupfer(II)-Ionen einer **blauen, alkalischen Kupfersulfatlösung** zu Kupfer(I)-Ionen. Hierdurch kann sich in Verbindung mit Hydroxydionen ein **schwer löslicher, ziegelroter Niederschlag von Kupfer(I)oxid** bilden (Abb. 3).
Damit sich nicht schon vorher ein Niederschlag aus Kupfer(II)hydroxid bildet, wird der Kupfersulfatlösung Kalium-Natrium-Tartrat zugesetzt.

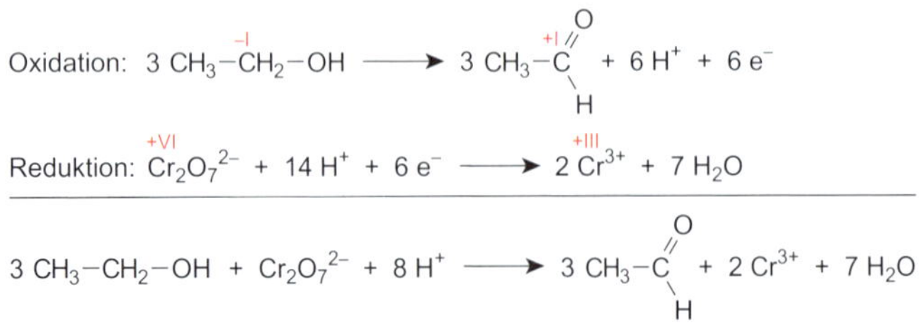

Oxidation: $3\ CH_3\text{-}\overset{-I}{C}H_2\text{-}OH \longrightarrow 3\ CH_3\text{-}\overset{+I}{C}HO + 6\ H^+ + 6\ e^-$

Reduktion: $\overset{+VI}{Cr_2O_7^{2-}} + 14\ H^+ + 6\ e^- \longrightarrow 2\ \overset{+III}{Cr^{3+}} + 7\ H_2O$

$3\ CH_3\text{-}CH_2\text{-}OH + Cr_2O_7^{2-} + 8\ H^+ \longrightarrow 3\ CH_3\text{-}CHO + 2\ Cr^{3+} + 7\ H_2O$

Abb. 1: Alkoholnachweis über die Reduktion von Kaliumdichromat. [1]

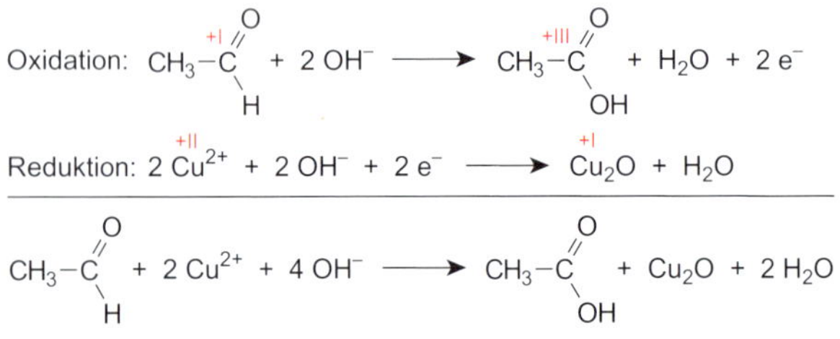

Oxidation: $CH_3\text{-}\overset{+I}{C}HO + 2\ OH^- \longrightarrow CH_3\text{-}\overset{+III}{C}OOH + H_2O + 2\ e^-$

Reduktion: $2\ \overset{+I}{Ag^+} + 2\ e^- \longrightarrow 2\ \overset{0}{Ag}$

$CH_3\text{-}CHO + 2\ Ag^+ + 2\ OH^- \longrightarrow CH_3\text{-}COOH + 2\ Ag + H_2O$

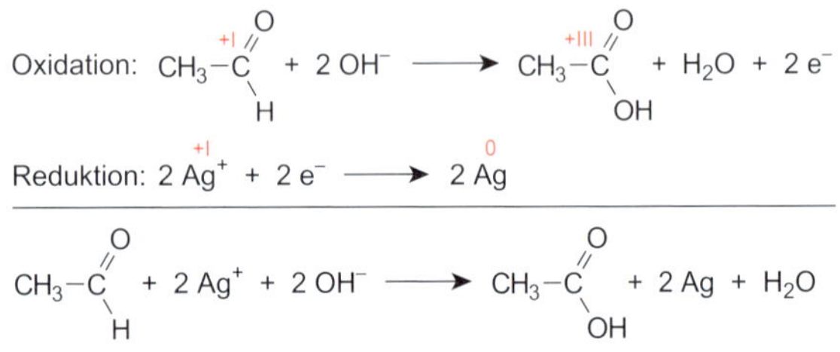

Abb. 2: Tollens-Probe. [1]

Oxidation: $CH_3\text{-}\overset{+I}{C}HO + 2\ OH^- \longrightarrow CH_3\text{-}\overset{+III}{C}OOH + H_2O + 2\ e^-$

Reduktion: $2\ \overset{+II}{Cu^{2+}} + 2\ OH^- + 2\ e^- \longrightarrow \overset{+I}{Cu_2O} + H_2O$

$CH_3\text{-}CHO + 2\ Cu^{2+} + 4\ OH^- \longrightarrow CH_3\text{-}COOH + Cu_2O + 2\ H_2O$

Abb. 3: Fehling-Probe. [1]

Abb. 4: Jod in Stärke. [1]

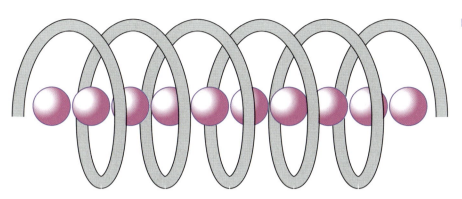

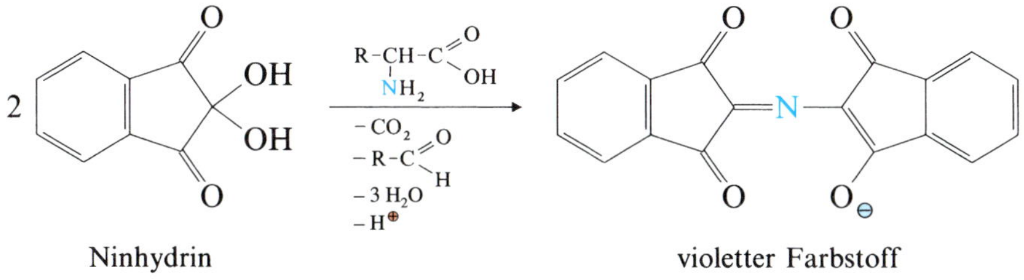

Abb. 5: Ninhydrin-Reaktion. [2]

Beide Proben dienen auch zum Nachweis der **Aldosen** und **Ketosen.** Zur Erinnerung: Ketosen lassen sich trotz ihrer Ketongruppe oxidieren, da sich die Carbonylgruppe am C2-Atom befindet und das C1-Atom über eine Alkoholgruppe verfügt, so dass die Ketogruppe über die Keto-Enol-Tautomerie in eine Aldehydgruppe umgelagert werden kann.

Nachweis von Polysacchariden

Stärke-Nachweis
Die Amylose der Stärke windet sich zu einer Helix mit einem Hohlraum. In diesen lagern sich beim Auftropfen einer **braunroten Kaliumiodidlösung** Iodmoleküle ein. Es kommt zu einem Farbumschlag nach **schwarzblau**.

Cellulose-Nachweis
Cellulose lässt sich ebenfalls durch einen Farbumschlag nachweisen. Hier schlägt der Farbton einer farblosen Zinkchlorid-Iod-Lösung beim Auftropfen auf Cellulose nach blau um.

Nachweis von Eiweißstoffen

Ninhydrin-Reaktion
Die Ninhydrin-Reaktion dient dem **Nachweis von α-Aminosäuren** in wässrigen Lösungen durch die Bildung eines violetten Farbstoffes. Dieser absorbiert Licht der Wellenlänge 570 nm und kann somit zur quantitativen Analyse herangezogen werden (Abb. 4).

Biuret-Reaktion
Eine **Eiweißlösung** reagiert mit verdünnter Kupfersulfatlösung und einigen Tropfen Natronlauge zu einem rot-violettem Kupfer-Komplex (Abb. 6).

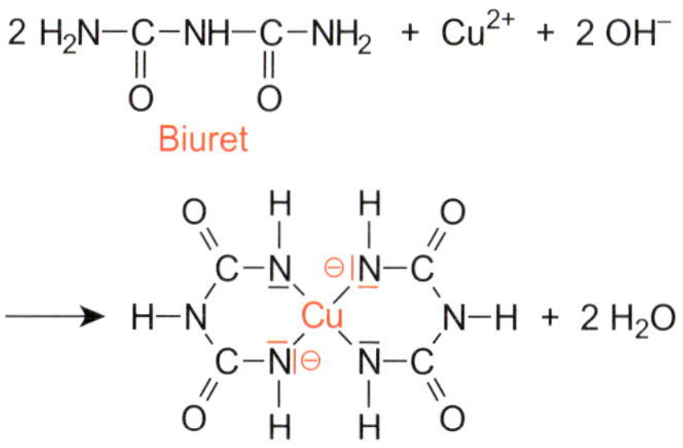

Abb. 6: Biuret-Reaktion. [1]

Zusammenfassung
- Zum Nachweis von **Alkoholen** können Kaliumdichromat und die Lucas-Probe verwendet werden.
- Für **Aldehyde** gibt es die Tollens- und Fehling-Probe.
- **Stärke** weist man mit Kaliumiodid-Lösung nach, **Cellulose** mit Zinkchlorid-Iod-Lösung.
- Die Ninhydrin-Reaktion dient dem Nachweis von α-**Aminosäuren**.
- Die Biuret-Reaktion dient dem Nachweis von **Peptiden** und **Proteinen**.

C Anhang

Anhang

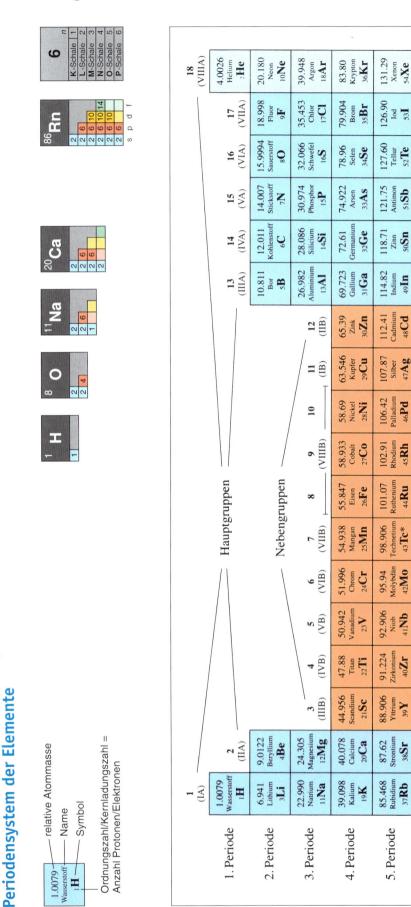

Tabellen I

Größen und Einheiten

Naturkonstanten

Konstante	Symbol	Betrag
Avogadro-Zahl	N_A	$6{,}022 \times 10^{23}$ Teilchen/mol
Faraday-Konstante	F	96 487 C/mol
Elementarladung	e	$1{,}6022 \times 10^{-19}$ C
Molares Vol idealer Gase bei Standardbedindungen	V_m	22,414 l/mol
Absoluter Nullpunkt	T_n	0 K = -273 °C
Universelle Gaskonstante	R_H	8,314 510 J/K × mol

Größen und Einheiten

Größe	Zeichen	Beziehung	Einheit
Masse	m		kg, g, µg
Volumen	V	$a \times b \times c$	m^3 = 1000 l, 1 l = 1 dm^3, 1 ml = 1 cm^3
Zeit	t		1 s
Reaktionsgeschwindigkeit	v	$v = \Delta c / \Delta t$	
Dichte	ρ	$\rho = m/V$	g/cm^3
Anzahl	N		1,2,3...
Stoffmenge	n	$n = N/N_A$	
Molare Masse	M	$M = m/n$	g/mol
Molares Volumen	V_M	$V_M = V/n$	l/mol
Molarität	c	$c = n/V$	mol/l
Molalität	c	$c = n/m$	mol/kg
Enthalpie	H		1 J
Entropie	S		1 J/K

Griechische Zahlwörter

1	mono	11	undeca
2	di	12	dodeca
3	tri	13	trideca
4	tetra	14	tetradeca
5	penta	15	pentadeca
6	hexa	16	hexadeca
7	hepta	17	heptadeca
8	octa	18	octadeca
9	nona	19	enneadeca
10	deca	20	icosa

Dezimale

f	Femto	10^{-15}
p	Piko	10^{-12}
n	Nano	10^{-9}
µ	Mikro	10^{-6}
m	Milli	10^{-3}
c	Zenti	10^{-2}
d	dezi	10^{-1}
da	Deka	10
k	Kilo	10^3

Funktionelle Gruppen

Substanzklasse	Gruppe	Präfix	Suffix	Strukturformel	Seite
Halbacetale Halbketale	R'\C/O-R'' R/ \O-H		-halbacetal -hemiacetal	R'\C/O-R'' R/ \O-H	80/81 62/63
Acetale Ketale	R'\C/O-R'' R/ \O-R'''		-acetal -ketal	R'\C/O-R'' R/ \O-R'''	
Aminosäuren				HO\C=O H$_2$N-C-H R	84

Anhang

Substanzklasse	Gruppe	Präfix	Suffix	Strukturformel	Seite
Alkane	R—R	Alkyl-	-an	—C—C—	52/53
Alkene	R=R	Allyl-	-en	C=C konjugiert C=C—C=C	54/55
Alkine	R≡R		-in	—C≡C— kumuliert C=C=C	
Halogenalkane	R—X	Halogen-		—C—Cl	
Cycloalkane		Cyclo-			56/57
Aromaten			-benzol		
Alkohole/Phenole	—OH	Hydroxy-	-ol	—O—H primär R—C(H)(H)—OH sek. R—C(H)(R')—OH tert. R—C(R')(R'')—OH	58/59
Ether	—OR'	Alkoxy-	-ether	R–O–R'	
Thiole	R—SH	Sulfonyl Mercapto-	-thiol -mercaptan	R—S—H	60/61
Amine	R—NH$_2$	Amino-	-amin	R—N(H)(H)	
Imine	C=NH	Imino-	-imin	NH; R—C—R'	
Aldehyde	—CHO	Oxo- Formyl-	-al -carbaldehyd	R—C(=O)H Carbonyl- gruppe	62/63
Ketone	C=O	Oxo-	-on	R—C(=O)—R'	
Carbonsäuren	—COOH	Carboxy-	-säure -carbonsäure	R—C(=O)OH	64/65
Ester	—COOR'	R'-oxocarbonyl-	-säure-R'-yl-ester R'-yl-säure-at	R—C(=O)—O—R'	66/67
Fette				H$_2$C—O—C(=O)—... HC—O—C(=O)—... H$_2$C—O—C(=O)—...	68/69

Thermische Größen

Bildungsenthalpien ΔH⁰ und Bildungsentropie S⁰

Stoff	Zustand	ΔH⁰ (kJ/mol)	S⁰ (J/mol × K)
Ag	s	0	+43
Ag_2O	s	−31	+121
$AgNO_3$	s	−124	+141
AgCl	s	−127	+96
AgBr	s	−100	+107
AgI	s	−62	+115
Al	s	0	+28
Al_2O_3	s	−1676	+51
AlF_3	s	−1504	+66
Br_2	g	+31	+245
Br_2	l	0	+152
HBr	g	−36	+199
C Graphit	s	0	+6
C Diamant	s	+2	+2
CO	g	−111	+198
CO_2	g	−393	+214
Ca	s	0	+41
CaO	s	−635	+40
$Ca(OH)_2$	s	−986	+83
$CaSO_4$	s	−1434	+107
$CaCO_3$	s	−1207	+93
Cl	g	+121	+165,09
Cl_2	g	0	+223
HCl	g	−92	+187
Cu	s	0	+33
Cu_2O	s	−169	+93
CuO	s	−157	+43
Cu_2S	s	−80	+121
CuS	s	−53	+67
$CuSO_4$	s	−771	+109
F_2	g	0	+203
HF	g	−271	+174
Fe	s	0	+27
Fe_2O_3	s	−824	+87
Fe_3O_4	s	−1118	+146
FeS	s	−100	+67
FeS_2	s	−178	+53
H_2	g	0	+131
H_2O	g	−242	+189
H_2O	l	−286	+70
H_2O	s	−292	+39
H_2O_2	l	−188	+109
I_2	g	+62	+261
I_2	s	0	+116
HI	g	+26	+206
K	s	0	+64
KCl	s	−436	+83
KBr	s	−392	+97
KI	s	−329	+104
Mg	s	0	+33
MgO	s	−601	+27
$MgCl_2$	s	−642	+90
$MgSO_4$	s	−1288	+92
MnO_2	s	−519	+53
N_2	g	0	+192
NH_3	g	−46	+192
N_2O	g	+82	+220
NO	g	+90	+211
NO_2	g	+33	+240
N_2O_4	g	+9	+304
NH_4Cl	s	−314	+95
NH_4NO_3	s	−366	+151
Na	s	0	+51
NaOH	s	−427	+64
NaF	s	−574	+51
NaCl	s	−411	+72
NaBr	s	−360	+84
NaI	s	−288	+91
Na_2CO_3	s	−1129	+136
$NaSO_4$	s	−1384	+149
O_2	g	0	+205
O_3	g	+143	+239
P (weiß)	s	0	+41
P (rot)	s	−18	+23
Pb	s	0	+65
PbO	s	−217	+69
PbO_2	s	−277	+76
PbS	s	−100	+91
$PbSO_4$	s	−920	+149
S rhombisch	s	0	+32
H_2S	g	−21	+206
SO_2	g	−297	+248
SO_3	g	−396	+257
H_2SO_4	l	−814	+157
Zn	s	0	+42
ZnO	s	−348	+44
$ZnCl_2$	s	−415	+111

Anhang

Gitterenergie ΔH_G in kJ/mol

	F⁻	Cl⁻	Br⁻	I⁻	O²⁻	S²⁻
Li⁺	−1039	−850	−802	−742	−2818	−2476
Na⁺	−920	−788	−740	−692	−2482	−2207
K⁺	−816	−711	−680	−639	−2236	−2056
Rb⁺	−780	−686	−558	−621	−2165	−1953
Cs⁺	−749	−651	−630	−599	−2067	−1854
	2F⁻	2Cl⁻	2Br⁻	2I⁻	2O²⁻	2S²⁻
Be²⁺	−3509	−3024	−2918	−2804	−4446	−3835
Mg²⁺	−2961	−2530	−2444	−2331	−3929	−3302
Ca²⁺	−2634	−2198	−2180	−2078	−3477	−3016
Sr²⁺	−2496	−2160	−2079	1967	−3205	−2851
Ba²⁺	−2356	−2060	−1989	−1881	−3042	−2728

Hydratationsenthalpien ΔH_H in kJ/mol

Ion	ΔH_H	Ion	ΔH_H	Ion	ΔH_H
Ag⁺	489,53	F⁻	485,34	MnO₄⁻	246,86
Ba²⁺	1338,88	H⁺	1108,76	NH₄⁺	326,35
Br⁻	317,98	H₃O⁺	460,24	NO₃⁻	309,62
CO₃²⁻	1389,09	I⁻	280,33	Na⁺	422,59
Ca²⁺	1615,02	K⁺	338,90	OH⁻	510,45
Cl⁻	351,46	Li⁺	531,36	SO₄²⁻	1108,76
Cu²⁺	2129,66	Mg²⁺	1953,94	Zn²⁺	2075,26

Lösungen

Löslichkeit von Salzen in g/100 g H₂O bei 20 °C

	Cl⁻	Br⁻	I⁻	NO₃⁻	SO₄²⁻	CO₃²⁻
Na⁺	36	91	179	88	19	22
K⁺	34	66	145	32	111	112
NH₄⁺	37	74	172	188	75	100
Ba²⁺	36	104	170	9	2,3 × 10⁻⁴	2 × 10⁻³
Mg²⁺	54	102	148	71	36	0,18
Ca²⁺	75	142	204	127	0,2	1,5 × 10⁻³
Zn²⁺	367	447	432	118	54	2 × 10⁻²
Pb²⁺	1	0,84	0,07	53	4,2 × 10⁻³	1,7 × 10⁻⁴
Cu²⁺	77	122	–	122	21	–
Ag⁺	1,5 × 10⁻⁴	1,2 × 10⁻⁵	2,5 × 10⁻⁷	216	0,74	3 × 10⁻³

Löslichkeitsprodukte

Stoff	K_L (mol²/l²)
AgBr	5,0 × 10⁻¹³
Ag₂CO₃	6,3 × 10⁻¹²
AgCl	2,0 × 10⁻¹⁰
AgJ	8,0 × 10⁻¹⁷
AgOH	2,0 × 10⁻⁸
Ag₂S	6,3 × 10⁻⁵⁰
Ag₂SO₄	1,6 × 10⁻⁵
Al(OH)₃	1,0 × 10⁻³²
BaCO₃	5,5 × 10⁻¹⁰
Ba(OH)₂	5,0 × 10⁻³
BaSO₄	1,0 × 10⁻¹⁰
Ca(OH)₂	4,0 × 10⁻⁶
CaSO₄	2,0 × 10⁻⁵
Cd(OH)₂	4,0 × 10⁻¹⁵
Cu(OH)₂	1,0 × 10⁻²⁰
CuS	6,3 × 10⁻³⁶
Fe(OH)₂	6,0 × 10⁻¹⁵
Fe(OH)₃	8,0 × 10⁻⁴⁰
FeS	6,3 × 10⁻¹⁸
MgCO₃	1,0 × 10⁻⁵
Mg(OH)₂	2,0 × 10⁻¹¹
Mn(OH)₂	7,0 × 10⁻¹⁴
PbS	1,3 × 10⁻²⁸
PbSO₄	1,6 × 10⁻⁸
Zn(OH)₂	2,0 × 10⁻¹⁷

pK_S- und pK_B-Werte bei 22 °C

pK_s	Säure	Korrespondierende Base	pK_b
-11	HI Iodwasserstoffsäure	I⁻ Iodid	25
-10	HClO₄ Perchlorsäure	ClO₄⁻ Perchlorat	24
-9	HBr Bromwasserstoffsäure	Br⁻ Bromid	23
-7	HCl Chlorwasserstoffsäure	Cl⁻ Chlorid	21
-3	H₂SO₄ Schwefelsäure	HSO₄⁻ Hydrogensulfat	17
-1,7	H₃O⁺ Oxoniumion	H₂O Wasser	15,7
-1,3	HNO₃ Salpetersäure	NO₃⁻ Nitrat	15,3
1,8	H₂SO₃ Schweflige Säure	HSO₃⁻ Hydrogensulfit	12,2
1,9	HSO₄⁻ Hydrogensulfat	SO₄²⁻ Sulfat	12,1
2,1	H₃PO₄ Phosphorsäure	H₂PO₄⁻ Dihydrogenphosphat	11,9
3,1	HF Fluorwasserstoffsäure	F⁻ Fluorid	10,9
3,4	HNO₂ Salpetrige Säure	NO₂⁻ Nitrit	10,6
3,8	H-COOH Ameisensäure	H-COO⁻ Formiat	10,2
4,76	CH₃-COOH Essigsäure	CH₃-COO⁻ Acetat	9,24
6,5	H₂CO₃ Kohlensäure	HCO₃⁻ Hydrogencarbonat	7,5
6,9	H₂S Schwefelwasserstoff	HS⁻ Hydrogensulfid	7,1
7,0	HSO₃⁻ Hydrogensulfit	SO₃²⁻ Sulfit	7,0
7,2	H₂PO₄⁻ Dihydrogenphosphat	HPO₄²⁻ Hydrogenphosphat	6,8
9,2	NH₄⁺ Ammonium	NH₃ Ammoniak	4,8
9,4	HCN Cyanwasserstoffsäure	CN⁻ Cyanid	4,6
10,4	HCO₃⁻ Hydrogencarbonat	CO₃²⁻ Carbonat	3,6
12,4	HPO₄²⁻ Hydrogenphosphat	PO₄³⁻ Phosphat	1,6
13,0	HS⁻ Hydrogensulfid	S²⁻ Sulfid	1,0
15,7	H₂O Wasser	OH⁻ Hydroxid	-1,7
23	NH₃ Ammoniak	NH₂⁻ Amid	-9
24	OH⁻ Hydroxid	O²⁻ Oxid	-10

Elektrochemische Spannungsreihe

Reduzierte Form		Oxidierte Form	+ z e⁻	Standardpotenzial E° (V)
Li	⇌	Li⁺	+ e⁻	-3,045
K	⇌	K⁺	+ e⁻	-2,925
Ba	⇌	Ba²⁺	+ 2e⁻	-2,91
Sr	⇌	Sr²⁺	+ 2e⁻	-2,89
Ca	⇌	Ca²⁺	+ 2e⁻	-2,87
Na	⇌	Na⁺	+ e⁻	-2,71
Mg	⇌	Mg²⁺	+ 2e⁻	-2,38
Al	⇌	Al³⁺	+ 3e⁻	-1,66
Mn	⇌	Mn²⁺	+ 2e⁻	-1,18
H₂ + 2 OH⁻	⇌	2H₂O	+ 2e⁻	-0,83
Zn	⇌	Zn²⁺	+ 2e⁻	-0,76
Cr	⇌	Cr³⁺	+ 3e⁻	-0,74
S²⁻	⇌	S	+ 2e⁻	-0,45
Fe	⇌	Fe²⁺	+ 2e⁻	-0,41
Cd	⇌	Cd²⁺	+ 2e⁻	-0,40
Pb + SO₄²⁻	⇌	PbSO₄	+ 2e⁻	-0,36
Co	⇌	Co²⁺	+ 2e⁻	-0,28
Ni	⇌	Ni²⁺	+ 2e⁻	-0,25
Sn	⇌	Sn²⁺	+ 2e⁻	-0,14
Pb	⇌	Pb²⁺	+ 2e⁻	-0,13
Fe	⇌	Fe³⁺	+ 3e⁻	-0,036
H₂ + 2 H₂O	⇌	2H₃O⁺	+ 2e⁻	0
Ag + Br⁻	⇌	AgBr	+ e⁻	+0,07
H₂S	⇌	S + 2H⁺	+ 2e⁻	+0,14
Sn²⁺	⇌	Sn⁴⁺	+ 4e⁻	+0,15
Cu⁺	⇌	Cu²⁺	+ e⁻	+0,15
SO₂ + 6 H₂O	⇌	SO₄²⁻ + 4 H₃O⁺	+ 2e⁻	+0,17
Ag + Cl⁻	⇌	AgCl	+ e⁻	+0,22
Cu	⇌	Cu²⁺	+ 2e⁻	+0,35
S + 3 H₂O	⇌	Cu⁺ H₂SO₃ + 4 H⁺	+ 2e⁻	+0,45
Cu	⇌	Cu⁺	+ e⁻	+0,52
2 I⁻	⇌	I₂	+ 2e⁻	+0,54
MnO₄²⁻	⇌	Cu⁺ MnO₄⁻	+ e⁻	+0,56
H₂O₂ + 2 H₂O	⇌	O₂ + 2 H₃O⁺	+ 2e⁻	+0,68
Fe²⁺	⇌	Fe³⁺	+ e⁻	+0,77
Ag	⇌	Ag⁺	+ e⁻	+0,80
N₂O₄ + 2 H₂O	⇌	Cu⁺ 2 NO₃⁻ + 4 H⁺	+ 2e⁻	+0,80
Hg	⇌	Hg²⁺	+ 2e⁻	+0,85
Hg₂²⁺	⇌	2 Hg²⁺	+ 2e⁻	+0,92
NO + 6 H₂O	⇌	NO₃⁻ + 4 H₃O⁺	+ 3e⁻	+0,96
2 Br⁻	⇌	Br₂	+ 2e⁻	+1,07
6 H₂O	⇌	O₂ + 4 H₃O⁺	+ 4e⁻	+1,23
Mn²⁺ + 2 H₂O	⇌	MnO₂ + 4 H⁺	+ 2e⁻	+1,23
Tl⁺	⇌	Tl³⁺	+ 2e⁻	+1,25
2 Cr³⁺ + 21 H₂O	⇌	Cr₂O₇²⁻ + 14 H₃O⁺	+ 6e⁻	+1,33
2 Cl⁻	⇌	Cl₂	+ 2e⁻	+1,36
Au	⇌	Au³⁺	+ 3e⁻	+1,50
Mn²⁺	⇌	Mn³⁺	+ e⁻	+1,51
Mn²⁺ + 12 H₂O	⇌	MnO₄⁻ + 8 H₃O⁺	+ 5e⁻	+1,51
3 H₂O + O₂	⇌	O₃ + 2 H₃O⁺	+ 2e⁻	+2,07
2 F⁻	⇌	F₂	+ 2e⁻	+2,87

Anhang

Quellenverzeichnis

[1] W. Zettlmeier, München.
[2] W. Zettlmeier. In: Zeeck, A.: Chemie für Mediziner. Elsevier Urban & Fischer, 7. Auflage 2010.
[3] W. Zettlmeier. In: Zeeck, A.: Chemie für Mediziner, Elsevier Urban & Fischer, 6. Auflage 2006.

D Register

Register

A

Acetale 62
Actinide 8
Additionsreaktionen 51, 54, 70
Adsorption 46
Aerosol 11
Aggregatzustände 10
Aldehyd-Nachweis 88
Aldehyde 62, 70
Aldohexosen 79
Aldopentosen 79
Aldosen 78
Aldotetrosen 79
Aldotriosen 79
Alkalimetalle 8
alkalische Hydrolyse 66
Alkanamine 60
Alkane 52
Alkane, Nomenklatur 52
Alkanole 58
Alkanthiole 60
Alkene 52, 54, 70
Alkine 52, 55
Alkohlbestimmung 88
Alkoholat-Ion 67
Alkohole 58
Alkoholnachweis 88
Alkoxyalkane 59
Alkyl-Reste 60
allgemeines Gasgesetz 10
Amide 60
Amin-Typ 60
Amine 60
Aminogruppe 84
Aminosäuren 84
Aminosäure-Nachweis 89
Aminosäuresequenz 86
Ammoniak 60
amorphe Feststoffe 10
amphipathisch 69
amphiphil 69
Ampholyt 85
Amylase 83
Amylopektin 82
Amylose 82
Anionen 12, 14
Anlagerungsreaktion 51
Anomere 80
Anziehungskräfte 10
Aquokomplexe 45
Aromaten 52, 57
Arrhenius 36
Aryl-Reste 60
Atom 2
atomare Masseneinheit 7
Atomaufbau 6
Atombindung 12, 16, 18
Atomhülle 6
Atomhypothese 2
Atomkern 6
Atommasse 6
Atommodelle 2
Autoprotolyse des Wassers 36
Avogadro-Konstante 7, 22

B

Basen 36, 38
Basenkonstante 38
Benzol 57
Bezugshalbzelle 42
Bildungs-Entropie 95
Bildungsenthalpie 24, 95
bimolekulare Reaktion 29
Bindung 12
Bindungsenergie 17
Bindungsenthalpie 17
Bindungsgrad 16
Bindungslänge 17
Bindungstrennung 70
Bindungstypen 13, 14, 16, 18
Biuret-Reaktion 89
Bodenkörper 32
Bohrsche Postulate 2
Bohrsches Atommodell 2
Brönstedt-Definition 36

C

C-Terminus 86
Carbanion 70
Carbokation 66, 70
Carbonsäureester 66
Carbonsäuren 64
Carbonyl-Gruppe 62
Carboxylation 64
Carboxylgruppe 64, 84
Cellulose 83
Cellulose-Nachweis 89
CH_2-Gruppe 52
Chalkogene 8
Chelateffekt 45
Chelatkomplexe 45
Chelatoren 45
chemische Gleichungen 20
chemische Reaktionen 20
chemisches Gleichgewicht 30, 32
chirales Zentrum 76
Chromatogramm 46
Chromatographie 46
cis-Addition 55
Cis/Trans-Isomerie 50
Coulomb 6
Coulomb-Kraft 14

D

D-Aminosäuren 84
D-Milchsäure 76
Dalton-Modell 2
Daniell-Element 42
Dehydratisierung 72
Dehydrierung 72
Destillation 47
Dezimale 93
Diastereomere 77
Dicarbonsäure 64
Dichte 11
Dimerisation 61
Dipeptid 86
Dipol 15
Disaccharide 82
Dissoziation 34
Dissoziationsgleichgewicht 36
Dissoziationskonstante 45
Disulfidbrücken 61
Disulfide 61
Doppelbindung 16
Doppelbindung, partielle 86
Drehwinkel 77
Dreifachbindung 16
Dünnschichtchromatographie 46

E

E-Isomer 76
E/Z-Isomerie 76
Edelgase 8
Edelgaskonfiguration 12, 14
Edelmetalle 41
Edukt 20
Eigenrotation 4
Einfachbindung 16
Einheiten 93
1-4-glykosidische Verknüpfung 82
einwertiger Alkohol 58
elektrische Energie 42
elektrische Potenzialdifferenz 42
Elektrochemie 42
elektrochemische Spannungsreihe 42, 97
Elektrolyse 35
Elektronegativität 12
Elektronegativitätsdifferenz 16
Elektronen 6
Elektronenaffinität 12
Elektronenakzeptor 40
Elektronendonator 40
Elektronendonatorstärke 40
Elektronengas 14
Elektronenkonfiguration 5, 12
Elektronenpaarbindung 16
Elektronenübertragung 40
Elektronenverteilung 12
elektrophile Addition 51, 54, 59, 70
elektrophile Substitution 51, 57, 72
Elementarteilchen 6
Elemente 2, 6
Eliminierung 58, 72
Eliminierungen 51
Eluat 47
Emulsion 11
Enantiomere 76
endergonisch 27
endotherme Reaktion 24
Energetik 24, 26
Energieniveau 4
Enol-Form 74
Enthalpie 24
Entropie S 26
Epimere 77
Erdalkalimetalle 8
Erdmetalle 8

Erhalt der Masse 20
essenzielle Aminosäuren 84
Esterbildung 66
Ethan 18, 52
Ethanolverbrennung 21
Ethen 18, 54
Ether 58
Ethin 19, 55
exergonisch 27
exotherme Reaktion 24

F

Fällungsreaktion 20
Faltblatt 86
Faraday 2
Fehling-Probe 63, 88, 82
fest 10
Feststoffe 10
Fette 66, 68
Fettsäuren 64, 68
Fischer-Projektion 76
Flüssigkeitschromatographie 46
freie Reaktionsenthalpie 27
Fruchtester 66
Fructose 80
funktionelle Gruppen 93
Furanosen 80
Furanring 80

G

galvanische Zelle 42
Gaschromatographie 46
Gasgesetz 10
Geiger-Zähler 9
Gelchromatographie 47
Geometrie der Komplexe 44
geometrische Isomerie 54
gepaartes Elektron 16
gesättigte Fettsäuren 68
gesättigte Kohlenwasserstoffe 52
gesättigte Lösung 32
Geschwindigkeitsgesetz 29
Geschwindigkeitskonstante 29
Gesetz der konstanten Proportionen 2
Gesetz der multiplen Proportionen 2, 21
Gesetz vom Erhalt der Masse 2, 20
Gewichtsprozent 22
Gibbs-Hemholtz-Gleichung 27
Gibbs freie Energie 27
Gitterenergie 34, 96
Gleichgewichtskonstante 30
Gleichgewichtslage 30
Gleichungen 20
Glucose 80
Glycerin 68
Glykogen 83
Grundelemente 50
Grundtypen von Reaktionen 21

H

H_2O 15
Halbacetale 62, 80
Halbmetalle 14
Halbwertszeit 9
Halogenalkane 53, 56, 70, 73
Halogene 8
Halogenierung 54, 70
Halothan 56
Hämoglobin 20
harte Strahlung 9
Hauptquantenzahl n 4
Haushaltszucker 82
Haworth-Projektion 80
Heisenbergsche Unschärferelation 4
Heliumkerne 9
Helix 86
Henderson-Hasselbalch-Gleichung 39
Henry-Dalton-Gesetz 33
heterogen 11
heterogene Reaktion 28
Heteroglykane 82
heterolytische Bindungstrennung 70
Heterozyklen 59
Hexosen 79
homogen 11
homogene Reaktion 28
Homoglykane 82
homolytische Bindungstrennung 70
Homozyklen 59
Hülle 6
Hundsche-Regel 5, 8
Hybridisierung 18, 50
Hybridorbital 18
Hydrat 62
Hydratation 34
Hydratationsenthalpie 34
Hydratationsenthalpien 96
Hydrathülle 34
hydratisiert 34
Hydrierung 55
Hydrochloride 60
Hydrolyse 39
Hydroniumion 36
Hydroniumionen-Konzentration 37
hydrophil 33
hydrophob 33
Hydroxidionen-Konzentration 37
Hydroxylgruppe 58

I

I-Effekt 64, 72
Imin-Typ 60
Indikatoren 37
induktiver Effekt 64, 72
inert 45
Ionenbindung 12, 14
Ionengittern 14
Ionenladungszahlen 13
Ionisierungsenergie 12
irreversibel 30
Isobutan 52

isoelektrischer Punkt 85
Isoleucin 84
Isomerie 52, 74, 76
Isotope 6

J

Justus von Liebig 36

K

Kaliumdichromat 88
Katalysatoren 29
Kationen 12, 14
Keilstrich-Projektion 80
Kern-Hülle-Modell 2
Kernladungszahl 6
Kernseife 68
Keto-Enol-Tautomerie 74, 78
Ketogruppe 58, 62
Ketohexosen 79
Ketone 62, 70
Ketopentosen 79
Ketosen 78
kinetische Energie 10
Knallgasreaktion 30
Kohlenhydrate 78, 80, 82
Kohlenstoffatom 6
Kohlenstoffbindungen 18, 50
Kohlenwasserstoffe 52, 54, 56
Kollisionstheorie 28
Komplexbildungskonstante 45
Komplexbildungsreaktion 44
Komplexchemie 44
Komplexstabilität 45
Kondensationsreaktion 86
Konfigurationsisomerie 76
Konformationsisomere 56
Konformationsisomerie 74
konjugierte Doppelbindungen 57
konjugierte Säure/Base-Paare 36
konjugiertes Redoxpaar 42
Konstitutionsisomere 52, 54, 74
Kontaktkorrosion 41
Konzentrationsangaben 22
Koordinationszahl 44
Koordinative Bindung 44
Korrosion 41
kovalente Bindung 16
Kreuzungsorbital 18
Kristalle 14
kristalline Feststoffe 10

L

L-Aminosäuren 84
L-Milchsäure 76
Lactose 82
Ladung 6
Laktat 82
Lanthanide 8
Lavoisier 36

Register

Le Châtelier 31
Legierungen 11
Leichtmetalle 14
Leucin 84
Lewis-Definition 36
Lewis-Schreibweise 12
Liganden 44
Ligandenaustauschreaktion 44
lipophil 33
lipophob 33
Loschmidtsche Zahl 22
Lösen von Salzen 34
Löslichkeit 11, 32, 96
Löslichkeitsgleichgewicht 32
Löslichkeitsprodukt 32, 34
Löslichkeitsprodukte 96
Lösungen 11, 96
Lösungsgleichgewicht 32
Lösungsmittel 11, 36
Lucas-Probe 88
Lysin 84

M

M-Effekt 72
Magnetquantenzahl m 4
Maltose 82
Malzzucker 82
Mannitol 81
Masse 6
Massengehalt 22
Massenkonzentration 22
Massenwirkungsgesetz 30
Massenzahl 6
Materie 10
Mehrfachbindungen 16
mehrprotonige Säuren 36
mehrwertiger Alkohol 58
Mercaptane 61
mesomere Grenzstrukturen 57
mesomerer Effekt 72
Mesomerie 86
mesomeriestabilisiert 59
meta- 57
Metalle 9, 14
Metallgitter 14
metallische Bindung 12, 14
Methan 18, 52
Methionin 84
Methylengruppe 52
Milchsäure 76, 82
Milchzucker 82
Minuspol 42
Mizellen 69
mobile Phase 46
Mol 7
Molalität 22
molare Masse 7
Molarität 22
Molmasse 7
Monocarbonsäuren 64
Monolayer 69
monomolekulare Reaktion 29
Monosaccharide 78, 80

multiple Proportionen 21
Mutarotation 81

N

n-Butan 52
N-Terminus 86
Nachweisreaktionen 88
Natriumchlorid 20
Nebengruppe 8
Nebenquantenzahl l 4
Nernst-Verteilungsgleichgewicht 33
Neutronen 6
Newman-Projektion 75
Nichtmetalle 14
Ninhydrin-Reaktion 89
Nitrogruppe 8
Nomenklatur der Komplexe 44
Normalwasserstoffelektrode 43
nukleophile Additionsreaktionen 53, 56, 64, 72
nukleophilen Additionsreaktion 66, 67
nukleophile Substitution 51, 73
Nuklide 7

O

Oberflächenspannung 10
Oberphase 33
Oktett 8
Oktettregel 12
Öle 66
Oligopeptide 86
Oligosaccharide 82
optische Isomerie 76
Orbital 4
Orbitalmodell 4
Orbitalzustände 4
Ordnungszahl 6
organische Reaktionen 70, 72
organische Schwefelverbindungen 60
organische Stickstoffverbindungen 60
ortho- 57
Oxidation 40, 42
Oxidationsmittel 40
Oxidationsstufe 40
Oxidationszahl 13, 40
Oxoniumion 66

P

Papierchromatographie 46
para- 57
Pauli-Prinzip 5, 8
Pentosen 79
Peptidbindung 86
Peptide 86
Perioden 8
Periodensystem 8
pH-Meter 37
pH-Wert 37
pH-Wert-Berechnung 38

Phenole 59
Phenylalanin 84
Photosynthese 78
π-Bindung 16
pK_B-Wert 97
pK_S-Wert 97
Plasmazustand 10
Pluspol 42
polar 33, 50
Polarimeter 77
Polarisationsfilter 76
polarisiertes Licht 76
Polyene 54
Polyhydroxymonocarbonsäuren 81
Polymere 63
Polymerisation 63
Polypeptide 86
Polysaccharide 82
Polysaccharidnachweis 89
primäre Amine 60
primärer Alkohol 58
Primärstruktur 86
Prinzip des kleinsten Zwanges 31
Produkt 20
Propan 52
Proportionalitätsfaktor 29
Proteine 86
Proteolyse 36
Proteolysegleichgewicht 36
Protonen 6
Protonenakzeptoren 36
Protonendonatoren 36
Protonendonatorstärke 36
Puffer-Gleichung 38
Pufferkapazität 39
Pufferlösungen 38
Pyranosen 80
Pyranring 80

Q

Quantenzahl 3
quartäre Ammoniumverbindungen 60
Quartärstruktur 87

R

Racemat 77
Radikale 56, 70
radikalische Addition 51, 55, 71
radikalische Substitution 51, 53, 56, 73
Radioaktivität 9
Radioisotop 9
Reaktionen 20
Reaktionsenthalpie 25
Reaktionsentropie 26
Reaktionsgeschwindigkeit 28
Reaktionsgleichung 20, 21
Reaktionskinetik 28
Reaktionsordnung 29
Reaktionswärme 24
Redoxgleichgewicht 42
Redoxgleichungen 40

Redoxpaare 40
Redoxpotenzial 42
Redoxreaktionen 40
Redoxreihe 41
Reduktion 40, 42
Reduktionsmittel 40
Reduktionspol 42
Reinstoffe 11, 20
reversibel 30
ringförmige Kohlenwasserstoffe 56
Rutherford 2

S

Saccharose 82
Sägebock-Projektion 75
Salze 14
Salzkristalle 34
Salzlösungen 34, 39
Sauerstoffkorrosion 41
Säulenchromatographie 46
Säure-Base-Reaktion 20
Säure-Base-Reaktion nach Lewis 44
Säureamid 86
saure Hydrolyse 66
Säurekonstante KS 38
Säurekorrosion 41
Säuren 36, 38
Schalenmodell 3
Schmelzpunkt 10
Schmierseife 68
Schwermetalle 14
Seifen 65, 68
sekundäre Amine 60
sekundärer Alkohol 58
Sekundärstruktur 86
semiessenzielle Aminosäuren 84
Sequenzisomerie 74
Sessel-Konformation 75
Siedepunkt 10
σ-Bindung 16
Silbernitratlösung 88
SN1-Mechanismus 73
SN2-Mechanismus 73
Sorbitol 81
Spannungsreihe 42
Spin-Trennung 18
Spinquantenzahl s 4
Standardbedingungen 24
Standardentropie 26
Standardpotenziale 42

Stärke 82
Stärke-Nachweis 89
stationäre Phase 46
Stereoisomere 74
Stöchiometrie 22
Stoffmenge 7
Strahlen 9
Substitutionsreaktionen 51, 72
Sulfide 61
Sulfone 61
Sulfoxide 61
Suspension 11
systematische Namen 13
Szintillationszähler 9

T

Tautomerie 74
Temperaturänderungen 28
tertiäre Amine 60
tertiärer Alkohol 58
Tertiärstruktur 87
Tetrosen 79
thermische Größen 95
Thermodynamik 24
Thioether 61
Thiolderivate 61
Thiole 60
Thomson-Modell 2
Threonin 84
Titrationskurve 85
Tollens-Probe 63, 88
Trägergas 46
trans-Addition 54
trans-Isomere 54
Trennsäule 46
Trennverfahren 46
Triacylglycerine (TAG) 68
Tricarbonsäure 64
Triosen 79
Tripeptid 86
Tritium 7
Tryptophan 84

U

Übergangsmetalle 14
Umlagerungen 51
unedle Metalle 41
ungepaartes Elektron 16

ungesättigte Fettsäuren 68
Unordnung 26
unpolar 33, 50
Unterphase 33

V

Valenzelektronen 3, 8, 12
Valenzschale 3
Valenzstrichschreibweise 13
Valin 84
Van-der-Waals-Kräfte 12, 15, 53
Verbindungen erster Ordnung 44
Verbindungen höherer Ordnung 44
Verbrennung 53
Veresterung 65
Verseifung 66
Verteilung 46
Verteilungskoeffizient 33
Volumengehalt 22
Volumenprozent 22
Volumina 22
von Liebig 62

W

Wachse 66
Wanderungsgeschwindigkeit 46
Wannenform 56, 75
Wasserstoffbrücken 12
Wasserstoffbrückenbindung 15
Wasserstoffkorrosion 41
weiche Strahlung 9
Wertigkeit 13, 40

Z

Z-Isomer 76
Zentralatom 44
Zerteilungsgrad 28
Zuckeralkohole 81
Zwitterion 84
zyklische Halbacetale 80
zyklische Isomere 80
zyklische Konformationsisomere 75
Zykloalkane 52, 56
Zykloalkene 52, 56
Zyklohexan 56